"新工程管理"系列丛书

建筑工业化创新发展路径
——基于大数据的全景式分析

薛小龙　王玉娜　张季超　薛维锐　等著

中国建筑工业出版社

图书在版编目（CIP）数据

建筑工业化创新发展路径：基于大数据的全景式分析/薛小龙等著. —北京：中国建筑工业出版社，2020.6
（"新工程管理"系列丛书）
ISBN 978-7-112-25073-8

Ⅰ.①建… Ⅱ.①薛… Ⅲ.①数据处理-应用-建筑工业化-研究-中国 Ⅳ.①TU-39

中国版本图书馆 CIP 数据核字（2020）第 072698 号

政府、建筑企业、高校与科研机构等建筑工业化参与主体组织内、组织间的创新活动产生的丰富成果保障了建筑工业化的持续健康发展，其日益增长的趋势也反映了建筑工业化蓬勃发展的态势。本书基于客观（大）数据，从科学研究、政策、技术、推广四个维度全景式分析建筑工业化创新发展的路径，提出了一种数据驱动的创新研究范式，有效解决了相关研究数据获取的瓶颈。本书可以为政府管理部门以及相关研究人员提供参考和借鉴。

责任编辑：赵晓菲　张磊　曾威
责任校对：芦欣甜

"新工程管理"系列丛书
建筑工业化创新发展路径——基于大数据的全景式分析
薛小龙　王玉娜　张季超　薛维锐　等著

*

中国建筑工业出版社出版、发行（北京海淀三里河路 9 号）
各地新华书店、建筑书店经销
北京科地亚盟排版公司制版
北京建筑工业印刷厂印刷

*

开本：787 毫米×1092 毫米　1/16　印张：9¾　字数：183 千字
2020 年 12 月第一版　2020 年 12 月第一次印刷
定价：**48.00** 元
ISBN 978-7-112-25073-8
（35860）

"新工程管理"系列丛书

顾问委员会 （按姓氏笔画排序）

丁烈云　刘加平　陈晓红　肖绪文　杜彦良　周福霖

指导委员会 （按姓氏笔画排序）

王要武　王元丰　王红卫　毛志兵　方东平　申立银　乐　云　成　虎
朱永灵　刘晓君　刘伊生　李秋胜　李启明　沈岐平　陈勇强　尚春明
骆汉宾　盛昭瀚　曾赛星

编写委员会 （按姓氏笔画排序）

主任　薛小龙

副主任　王学通　王宪章　王长军　邓铁新　兰　峰　卢伟倬（Weizhuo Lu）
孙喜亮　孙　峻　孙成双　关　军　刘俊颖　刘　洁　闫　辉　李小冬
李永奎　李　迁　李玉龙　吴昌质　杨　静（Rebecca Yang）　杨洪涛
张晶波　张晓玲（Xiaoling Zhang）　张劲文　张静晓　林　翰　周　红
周　迎　范　磊　赵泽斌　姜韶华　洪竞科　骆晓伟（Xiaowei Luo）
袁竞峰　袁红平　高星林　郭红领　彭　毅　满庆鹏　樊宏钦（Hongqin Fan）

委员　丛书中各分册作者

工作委员会 （按姓氏笔画排序）

主任：王玉娜　薛维锐

委员：于　涛　及炜煜　王泽宇　王　亮　王悦人　王璐琪　冯凯伦　朱　慧
宋向南　张元新　张鸣功　张瑞雪　宫再静　琚倩茜　窦玉丹　廖龙辉

丛书编写委员会主任委员与副主任委员所在单位（按单位名称笔画排序）

广州大学管理学院

大连理工大学建设管理系

天津大学管理与经济学部

中央财经大学管理科学与工程学院

中国建筑集团有限公司科技与设计管理部

中国建筑国际集团有限公司建筑科技研究院

中国建筑（南洋）发展有限公司工程技术中心

长安大学经济与管理学院

东北林业大学土木工程学院

东南大学土木工程学院

北京交通大学土木建筑工程学院

北京建筑大学城市经济与管理学院

北京中建建筑科学研究院有限公司

西安建筑科技大学管理学院

同济大学经济与管理学院

华中科技大学土木与水利工程学院

华东理工大学商学院

华南理工大学土木与交通学院

南京大学工程管理学院

南京审计大学信息工程学院

哈尔滨工业大学土木工程学院、经济与管理学院

香港城市大学建筑学与土木工程学系

香港理工大学建筑及房地产学系

重庆大学管理科学与房地产学院

浙江财经大学公共管理学院

清华大学土木水利学院

厦门大学建筑与土木工程学院

港珠澳大桥管理局

瑞典于默奥大学建筑能源系

澳大利亚皇家墨尔本理工大学建设、房地产与项目管理学院

"新工程管理"系列丛书总序

立足中国工程实践，创新工程管理理论

工程建设是人类经济社会发展的基础性、保障性建设活动。工程管理贯穿工程决策、规划、设计、建造与运营的全生命周期，是实现工程建设目标过程中最基本、普遍存在的资源配置与优化利用活动。人工智能、大数据、物联网、云计算、区块链等新一代信息技术的快速发展，促进了社会经济各领域的深刻变革，正在颠覆产业的形态、分工和组织模式，重构人们的生活、学习和思维方式。人类社会正迈入数字经济与人工智能时代，新技术在不断颠覆传统的发展模式，催生新的发展需求的同时，也增加了社会经济发展环境的复杂性与不确定性。作为为社会经济发展提供支撑保障物质环境的工程实践也正在面临社会发展和新技术创新所带来的智能、绿色、安全、可持续、高质量发展的新需求与新挑战。工程实践环境的新变化为工程管理理论的创新发展提供了丰富的土壤，同时也期待新工程管理理论与方法的指导。

工程管理涉及工程技术、信息科学、心理学、社会学等多个学科领域，从学科归属上，一般将其归属于管理学学科范畴。进入数字经济与人工智能时代，管理科学的研究范式呈现几个趋势：一是从静态研究（输入-过程-输出）向动态研究（输入-中介因素-输出-输入）的转变；二是由理论分析与数理建模研究范式向实验研究范式的转变；三是以管理流程为主的线性研究范式向以数据为中心的网络化范式的转变；主要特征表现为：数据与模型、因果关系与关联关系综合集成的双驱动研究机制、抽样研究向全样本转换的大数据全景式研究机制、长周期纵贯研究机制等新研究范式的充分应用。

总结工程管理近 40 年的发展历程，可以看出，工程管理的研究对象、时间范畴、管理层级、管理环境等正在发生明显变化。工程管理的研究对象从工程项目开始向工程系统（基础设施系统、城市系统、建成环境系统）转变，时间范畴从工程建设单阶段向工程系统全生命周期转变，管理层级从微观个体行为向中观、宏观系统行为转变，管理环境由物理环境（Physical System）向信息物理环境（Cyber-Physical System）、信息物理社会环境（Cyber-Physical Society）转变。这种变化趋势更趋于适应新工程实践环境的变化与需求。

我们需要认真思考的是，工程管理科学研究与人才培养如何满足新时代国家发展的重大需求，如何适应新一代信息技术环境下的变革需求？我们提出"新工程管理"的理论构念和学术术语，作为回应上述基础性重大问题的理论创新尝试。总体来看，在战略需求维度，"新工程管理"应适应新时代社会主义建设对人才的重大需求，适应新时代中国高等教育对人才培养的重大需求，以及"新工科""新文科"人才培养环境的变化；在理论维度，"新工程管理"应体现理论自信，实现中国工程管理理论从"跟着讲"到"接着讲"，再到"自己讲"的转变，讲好中国工程故事，建立中国工程管理科学话语体系；在建设维度，"新工程管理"应坚持批判精神，体现原创性与时代性，构建新理念、新标准、新模式、新方法、新技术、新文化，以及专业建设中的新课程体系、新形态教材、新教学内容、新教学模式、新师资队伍、新实践基地等。

创新驱动发展。我们组织编写的"新工程管理"系列丛书的素材，一方面来源于我们团队最近几年开展的国家自然科学基金、国家重点研发计划、国家社会科学基金等科学研究项目成果的总结提炼，另一方面来源于我们邀请的国内外在工程管理某一领域具有较大影响的学者的研究成果，同时，我们也邀请了在国内工程建设行业具有丰富工程实践经验的行业企业和专家参与丛书的编写和指导工作。我们的目标是使这套丛书能够充分反映工程管理新的研究成果和发展趋势，立足中国工程实践，为工程管理理论创新提供新视角、新范式，为工程管理人才培养提供新思路、新知识、新路径。

感谢在本丛书编撰过程中提出宝贵意见和建议，提供支持、鼓励和帮助的各位专家，感谢怀着推动工程管理创新发展和提高工程管理人才培养质量的高度责任感积极参与丛书撰写的各位老师与行业专家，感谢积极在科研实践中刻苦钻研为丛书撰写提供重要资料的博士和硕士研究生们，感谢哈尔滨工业大学、中国建筑集团有限公司和广州大学各位同事提供的大力支持和帮助，感谢各参编与组织单位为丛书编写提供的坚强后盾和良好环境。我们尝试新的组织模式，不仅邀请国内常年从事工程管理研究和人才培养的高校的中坚力量参与丛书的编撰工作，而且，丛书选题经过精心论证，按照选题将编写人员进行分组，共同开展研究撰写工作，每本书的主编由具体负责编著的作者担任。我们坚持将每个选题做成精品，努力做到能够体现该选题的最新发展趋势、研究动态和研究水平。希望本丛书起到抛砖引玉的作用，期待更多学术界和业界同行积极投身到"新工程管理"理论、方法与应用创新研究的过程中，把中国丰富的工程实践总结好，为构建具有"中国特色、中国风格、中国气派"的工程管理科学话语体系，为建设智能、可持续的未来添砖加瓦。

薛小龙
2020 年 12 月于广州小谷围岛

前　言

建筑工业化是建筑业实现绿色、可持续、高质量发展的重要路径。目前我国将发展装配式建筑作为推进建筑工业化进程的重要抓手。《国务院办公厅关于促进建筑业持续健康发展的意见》提出了"推广装配式建筑，力争用 10 年左右时间，使装配式建筑占新建建筑的比例达到 30%"的发展目标。当前，国务院主导各级地方政府和建设管理部门大力发展装配式建筑，企业、高校、科研机构等主体积极参与，协同推动建筑工业化发展。

创新是建筑工业化发展的重要驱动力。在创新驱动发展战略的大背景下，我国建筑工业化领域的创新活动取得了快速发展，产生了丰富的创新成果。例如，以政策发布为代表的政府制度创新，以专利取得为代表的企业技术创新，以论文发表为代表的高校与科研机构研究创新。这些基于政府、建筑企业、高校与科研机构等多主体组织内、组织间创新活动产生的丰富成果为建筑工业化的持续健康发展提供了保障，其日益增长的趋势也反映了我国建筑工业化蓬勃发展的态势。

本书基于客观的建筑工业化创新成果大数据，全景式揭示我国建筑工业化的创新发展路径，提出了一种新的建筑工业化创新研究范式。

第一，本书系统归纳了建筑工业化的内涵，总结了建筑工业化发展的四个阶段，回顾了建筑工业化发展的世界简史。

第二，本书从中英文文献检索数据库获取建筑工业化相关文献数据。采用文献计量学的方法，利用可视化的方式，绘制建筑工业化研究的机构合作网络、作者合作网络及关键词共现网络的知识图谱。通过对节点和网络属性的分析，系统评价了当前国内外建筑工业化领域的研究热点与发展趋势，揭示了建筑工业化研究创新发展情况。

第三，本书从中央和各级地方政府网站、法律数据库等途径获取建筑工业化相关政策数据。对国家层面和地方层面的政策进行了统计分析、内容分析和量化分析，对国家住宅产业化基地及第一批装配式建筑示范城市和产业基地的数量和地域分布进行了统计分析。全面系统地总结了建筑工业化相关政策数量、政策内容、政策效力的时间和空间分布及演化路径，揭示了建筑工业化政策创新发展情况。

第四，本书从国内各类建筑工业化相关展会和组织公开的信息中获取相关企业数据，从中国知网专利数据总库获取相关专利数据。对建筑工业化企业进行了类别分析、技术体系分析，并以我国第一批装配式建筑产业基地企业为对象，对其取得专利的类型、取得时间及地域分布进行了分析，揭示了建筑工业化技术创新发展情况。

第五，本书通过网络检索获取国内外建筑工业化相关协会、科研机构、会议、展会、专著数据。分析其时间和空间分布变化，并将国内外情况进行对比分析，揭示建筑工业化技术推广情况。

本书是国家重点研发计划课题"工业化建筑发展水平评价技术、标准和系统"（2016YFC0701808）的重要研究成果之一。感谢国家重点研发计划项目"工业化建筑检测与评价关键技术"（2016YFC0701800）项目组成员单位的支持和帮助，感谢各子课题单位对课题研究工作的协同与配合。同时，本书也得到了国家自然科学基金"BIM技术跨组织协同创新机制研究"（71671053）和广东省科技计划软科学重点项目"智慧城市建设与运营前沿技术预测研究"（2019B101001019）的支持。感谢广州大学张季超教授、王学通教授、王玉娜副教授、王泽宇副教授、张元新副教授、薛维锐博士，哈尔滨工业大学赵泽斌教授、大连海事大学王亮博士、大连理工大学窦玉丹博士、广东工业大学王璐琪博士的辛勤付出。感谢我的博士生罗廷、季安康、张鸣功，硕士生尚书、皇甫文博、卢健锋、晋亚丽、汤晓玲、何晓滢、程俊等刻苦开展相关研究工作，特别是罗廷（重点参与第2章）、季安康（重点参与第3章、第4章）、尚书（重点参与第3章、第4章）、皇甫文博（重点参与第3章、第4章）、卢健锋（重点参与第5章）、晋亚丽（重点参与第5章）、程俊（重点参与第5章）按照我提出的思路开展了大量研究工作，取得了卓有成效的研究成果。本书是课题团队集体智慧的结晶。

本书首次尝试用大数据思维构建分析建筑工业化创新发展路径的方法，力图突破工程管理领域研究数据获取的瓶颈，全景式展示建筑工业化创新发展路径，探索构建数据驱动的工程管理研究新范式。

薛小龙

2020年10月于广州小谷围岛

目　　录

第 **1** 章

总　　论

1.1　建筑工业化的概念与内涵

　　建筑工业化的基本思想是在非所有施工过程都要在现场完成的情况下，对传统建筑施工过程实施变革以实现建筑组件的大规模生产，包括产品、构件的标准化，生产的连续性，生产过程一体化，机械化，研发、组织管理科学化[1]。基于这种思想，通常从产品工业化和施工过程工业化的角度来解读建筑工业化[2]。如Girmscheid 和 Kapp 从施工过程角度定义建筑工业化为以合理化的施工过程实现成本效益，提高生产率和建筑质量[3]。Alinaitwe 等认为建筑工业化可分为关注建筑技术的产品工业化和关注项目参与各方合同关系和非正式合作关系的施工过程工业化[4]。产品工业化和施工过程工业化的结合被认为是成功的建筑工业化过程[5]。

　　进一步理解建筑工业化的内涵可以从对其发展水平评价的角度出发。关于建筑工业化的发展水平，学者们往往以技术进步和变革为主线，将其进行阶段划分。如：Sarja 通过总结各国建筑工业化的发展情况，将建筑工业化发展划分为八个阶段，从就地取材、手工作业的现场施工阶段，到应用开放建筑理念、利用计算机辅助设计生产部品和模块的工厂预制阶段，最终发展到基于企业网络的融合开发、生产、组装和终端服务的建筑工业化阶段[6]。而 Richard 剔除了全部依靠现场施工的建筑工业化发展前期，以机械化程度为依据将其分成了五个等级，从低到高依次为工厂生产材料并拼装的预制等级、使用机械减轻工人部分工作量的机械化等级、用机械完全取代人工的自动化等级、灵活实现多样化工作并允许大规模定制的机器人技术等级和依靠创新研发简化工业化生产过程的再生产等级[7]。另有学者通过比较施工工序的持续时间与最简单的传统施工技术和工业化程度最高的施工技术的工序持续时间来计算施工技术的工业化水平指数[8]。以上是从施工过程本身衡量建筑工业化的发展程度，并未考虑如何将其作为一个产业来评价其发展水平。进一步的，Alinaitwe 等选取指标结合案例评价施工过程、企

1

业、产业三个层面的建筑工业化水平。在 Richard 的分类基础上进行了补充，加入了标准化程度、技术工人的专业化程度、生产连续性、研发和生产的一体化程度、节约人工技术的使用程度、采用的合同类型作为衡量企业层面建筑工业化的指标。另外，借鉴 Buys 提出的工业化水平指数结合建筑工业化的特点，提出使用竞争优势、物流保障要求、环境要求、当地市场需求、出口市场潜力、相关市场、技术、基础设施、供应商、战略要求等从产业层面评价建筑工业化水平，以部分指标定量计算为辅助，进行了具体案例建筑工业化发展水平的定性评价[4,9]。

综上所述，建筑工业化开始于机械生产在建筑施工过程中的应用，随着工业的规模化、信息化、智能化发展，建筑业也进行了和正在进行相应的尝试，但其发展步伐远落后于工业发展。建筑工业化的进程就是建筑业努力与工业在发展上逐步接近的过程。回顾建筑工业化发展的历史，其发展历程可参照工业化的发展分为如下四个阶段：

（1）建筑工业化 1.0：是建筑工业化的机械化发展阶段，以机械生产代替部分手工劳动；

（2）建筑工业化 2.0：是建筑工业化的规模化发展阶段，由全部现场施工转向部分工厂化预制；

（3）建筑工业化 3.0：是建筑工业化的信息化发展阶段，以计算机辅助设计、建筑信息模型等工具的使用为特征；

（4）建筑工业化 4.0：是建筑工业化的智能化发展阶段，以 3D 打印、人工智能等技术的应用为特征。

随着工业的继续发展，建筑工业化也将呈现出新的发展态势，将具有更加丰富的内涵。

本研究将建筑工业化与工业的发展联系起来，将其定义为"技术创新驱动的建筑业工业革命"，其核心是以工业的生产方式完成建筑产品的设计、施工过程。其目标是实现以低成本、快节奏生产具有高质量、绿色环保等属性的建筑产品，体现工业化大规模生产的优势。建筑工业化以技术创新驱动，带动建造管理方式变革，从而推动企业变革，最终实现建筑业的产业变革。

1.2 建筑工业化的世界简史

建筑原本与其建造可用的当地材料关系密切。在工业不发达的时代，人们使用木材、土石等天然材料建造。拥有丰富木材资源的国家其建筑多为木造，在有石材的少地震国家，建筑多以砌体建造；然而，随着烧结砖的出现，砌体技术等更加发达，相较原始的日晒砖得到了更好的应用。更进一步地，随着工业革命带来的生产力提高和技术变革，钢材的大规模生产成为可能。与此同时，伴随水泥专利和钢筋混凝土专利的诞生，钢结构和钢筋混凝土结构在建筑中开始普及，建筑结构与建筑所在地的关系逐渐脱离开来。因此，建筑与工业有着深厚的关系[10]。

作为1815年在伦敦举办的世界博览会场地的水晶宫被誉为第一座由铁和玻璃制成的巨大建筑而闻名于世，也被认为是建筑工业化的标志产物。

建筑工业化在世界范围的发展史是以技术创新为核心的建筑材料和建造方式的发展史，在其发展过程中诞生了一些标志性的建筑。以第二次世界大战后的住宅大量建造为标志，世界建筑工业化进入了快速发展时期。

第二次世界大战后，各国相继大力推动建筑工业化的发展，主要国家建筑工业化发展起点如下[11,12]：

（1）1945年英国政府发布白皮书，重点发展工业化制造能力，以弥补传统建造方式的不足；

（2）1955年，日本设立住宅公团，全面推进预制住宅的开发、建设工作；

（3）我国在1956年发布《关于加强和发展建筑工业的决定》中指出要"积极有步骤地实行工厂化、机械化施工，逐步完成对建筑工业的技术改造，逐步完成向建筑工业化的过渡"，这是建筑工业化的概念在我国首次被提出；

（4）1957年西德政府通过了《第二部住宅建设法》，混凝土预制大板技术大规模应用；

（5）1974年，联合国发布《政府逐步实现建筑工业化的政策和措施指引》，作为世界各国发展建筑工业化的纲领性文件；

（6）1976年美国国会通过了国家工业化住宅建造及安全法案；

（7）20世纪80年代早期，新加坡建屋发展局将装配式建筑理念引入住宅工程，并称之为建筑工业化。

建筑工业化世界史年表见表1-1。

建筑工业化世界史年表[11]

表1-1

序号	年份	事件
1	1824年	波特兰水泥（Portland Cement）专利诞生（Joseph Aspdin）
2	1833年	巴黎植物园温室建成（铁架和玻璃构成的巨大建筑物）
3	1833年	圣玛利亚大教堂建成（轻捷骨架结构）
4	1851年	水晶宫建成（伦敦世界博览会 Joseph Paxton）
5	1867年	钢筋混凝土的发明（Joseph Monier）
6	1889年	埃菲尔铁塔建成（巴黎世界博览会 Alexandre Gustave Eiffel）

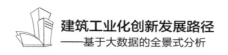

序号	年份	事件
7	1899 年	木制装配住宅的出现（Hodgson Homes）
8	1903 年	预制钢筋混凝土公寓的建成（巴黎富兰克林路 25 号公寓，Auguste Perret）
9	1907 年	德意志制造联盟成立（由艺术家、建筑师、设计师与实业家组成的联盟，旨在融合传统手工业和工业大规模生产，对现代建筑发展影响巨大，导致了包豪斯的出现）
10	1910 年	干式构法的提出（Gropius）
11	1923 年	包豪斯实验住宅（适应工业化大批量生产的建筑）
12	1927 年	魏森霍夫住宅展（由德意志制造联盟组织）
13	1931 年	Copper House 装配式住宅（Gropius）
14	1942 年	预制板体系装配式住宅（Konrad Wachsmann）
15	1945 年	第二次世界大战后住宅建设成为各国要务，住宅进入量产阶段

参考文献

[1] 关柯. 关于建筑工业化及其几个问题的探讨. 哈尔滨建筑大学学报，1980，(2)，82-92.

[2] The HKPolyU Student Chapter of CIB and CIB Working Commission "W119—Customised Industrial Construction". Exploring construction industrialization in China: the status quo and the challenge. http://site. cibworld. nl/dl/publications/pub_368. pdf, 2012.

[3] Girmscheid, G. and Kapp, M. Industrialization processes in Swiss SMEs. http://www. ibi. ethz. ch/bb/publications/conference _ papers/2006/VR062 _ Industrialization _ Eind-hoven _ 2006. pdf, 2006.

[4] Alinaitwe, H. M., Mwakali, J. and Hansson, B. Assessing the degree of industrialization in construction-a case of Uganda. Journal of Civil Engineering and Management, 12 (3), 221-229.

[5] Girmscheid, G. Industrialization in building construction—production technology or man-agement concept? http://www. ibi. ethz. ch/bb/publications/conference _ papers/2005/VR046 _ Industrialization _ CIB _ 2005. pdf, 2005.

[6] Sarja, A. Open and Industrialised Building. CIB Publication 222 Report of Working Com-mission W24. Routledge, 2003.

[7] Richard, R. Industrialized building systems: reproduction before automation and robotics. Automation in Construction, 2005, 14 (4): 442-451.

[8] Kun, G. Low Labor-Input Technology Utilization in the Construction Industry. Joint In-ternational Symposium of CIB Working Commissions Knowledge Construction, Department of Building, National University of Singapore, Singapore. http://www. cbs. gov. il/publi-cations/singapore. pdf, 2003.

[9] Buys, A. J. Industrialisation guidelines methodology. Proceedings of 6th Africon Confer-ence in Africa IEEE Africon, 2002, (1): 447-452.

［10］　住宅生产研究所．"建築生産"の学習．http：//www．asahi-net．or．jp/～rp6s-nkt/
　　　　page026．html（2017.12.31）（日语）．

［11］　内田祥哉．プレファブ．讲谈社，1968．（日语）．

［12］　住房和城乡建设部住宅产业化促进中心．大力推广装配式建筑必读—制度、政策、国内
　　　　外发展．中国建筑工业出版社，2016．

第**2**章

建筑工业化研究创新路径

2.1 建筑工业化研究创新研究概要

2.1.1 建筑工业化研究创新的分析框架

本章的研究框架如图 2-1 所示。采用文献计量学-社会网络分析（SNA）的方法，以中国知网、Web of Science 为数据检索平台，对"建筑工业化"相关主题

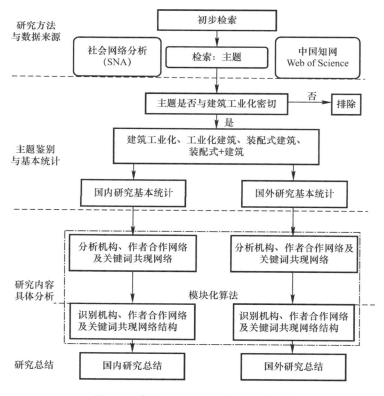

图 2-1　建筑工业化创新研究分析框架

内容进行检索，在基本统计的基础上，利用可视化的方式，绘制建筑工业化研究领域机构合作网络、作者合作网络及关键词共现网络知识图谱，分析其节点属性、网络特征，识别网络结构，从而揭示国内外建筑工业化领域研究热点与发展趋势。

2.1.2 建筑工业化研究创新的研究方法与数据来源

1. 建筑工业化研究创新的研究方法

本书对于建筑工业化创新研究的内容分析是基于科学的文献计量方法——社会网络分析（Social Network Analysis，SNA）。SNA 是对社会关系结构及其属性加以分析的一套规范和方法[1]。基于社会网络分析中的共词分析法，通过共词分析法中的词频分析、聚类分析等过程和方式，同时结合其他数理统计学方法进行文献计量分析[2,3]。具体过程是，利用共词分析方法，基于中国知网（CNKI）和 SCI/SSCI 数据来源，借助 Gephi 软件绘制可视化的知识图谱（Knowledge Graph/Vault），通过对网络中节点属性、网络属性等网络特征分析，以及基于模块化算法的网络结构识别，对机构合作网络、作者合作网络和关键词共现网络的具体内容进行分析，梳理国内外建筑工业化领域的机构合作情况、作者合作情况、主要研究热点和未来趋势等。研究过程中涉及的主要参数及其解释如下：

1）节点属性

在分析过程中，会获取网络中出现频次较高的节点进行分析，通过分析网络中重要节点的信息，分析其在整个网络中的影响力，从而得出研究领域的活跃机构、作者和研究热点[4-7]。

节点：是指分析的对象。在机构合作网络中，每一个节点代表一个机构；在作者合作网络中，每一个节点代表一个作者；在关键词共现网络中，每一个节点代表一个关键词。

边：是指任意两个节点之间的连线，边的粗细代表两个节点之间的合作或共现程度，边越粗表示两个节点之间的合作或共现程度越高，联系越紧密。

度：是指与节点相连的边的数量，与该节点相连的边越多，表示该节点与其他节点的联系越多。

平均度：是指所有节点度的总和/节点数，表示平均与每个节点相连的边的数量。

2）网络属性

对于大规模复杂网络，网络结构特征的分析十分必要，即对含有大量节点数的网络的统计属性的研究[8]。通过对复杂网络结构研究中的网络特征分析，研究

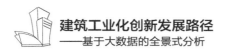

其在网络中的实际意义。

度分布：网络中各个节点度的散布情况即为度分布。当网络规模较大时，常用度分布来反映网络的中心性结构特性[9]。

模块化：本研究基于模块化算法，对建筑工业化机构、作者的合作网络、关键词的共现网络结构和关系进行识别[10]。模块化算法是较为高级和复杂的网络分析方法，它通过计算节点之间联系的紧密程度将网络划分为若干不同的社区（communities）[11]。每个社区内部的节点之间的联系会较为紧密，而不同社区之间的节点联系会较为稀疏[12]。因此在知识网络中，通过块化算法区分出来的属于同一个社区的机构、作者、关键词在研究主题、研究方法和研究内容等方面较为相似。

2. 建筑工业化研究创新的数据来源

本研究的数据来源为中国知网（CNKI）和 Web of Science。搜索方式为"主题"，这包括篇名、关键词和中文摘要。可检索出这三项中任一项或多项满足指定检索条件的文献。同时，出于科学严谨的学术研究态度也有期刊和时间等其他限制。

2.2 国内建筑工业化研究现状分析

检索网站：中国知网；

资源类型：期刊；

检索时间：截至 2017 年 12 月 31 日；

检索主题："建筑工业化"或者"装配式建筑"或者"工业化建筑"或者"装配式＋建筑"；

检索结果数量：4250。

2.2.1 国内建筑工业化研究基本统计分析

将检索主题确定为"建筑工业化"或者"装配式建筑"或者"工业化建筑"或者"装配式＋建筑"。以中国知网（CNKI）为数据库来源，检索类型为期刊，截止到 2017 年 12 月 31 日，共检索出 6042 篇文章。通过对检索结果的进一步分析发现，有较多新闻类、公示类、倡议类及征稿启事的文章，因此，需要对检索结果进行筛选，选择与建筑工业化研究密切相关的学术论文，经筛选我们以 4250 篇论文为代表，进行基本统计分析。通过对其年度发文量、机构发文量、作者发文量，以及期刊发文量的统计分析，揭示我国建筑工业化研究的整体特点和趋势。

1. 年度发文量统计

根据统计结果，1959～2009 年期间发文量较少，1974～1977 年期间发文量短暂出现小高峰。由图 2-2 可知，建筑工业化的相关研究，在 2009 年以前处于缓慢发展时期，2009～2010 年属于过渡时期，而 2011 年以后有关建筑工业化的文章迅速增多，这与产业发展与政策引导有关。

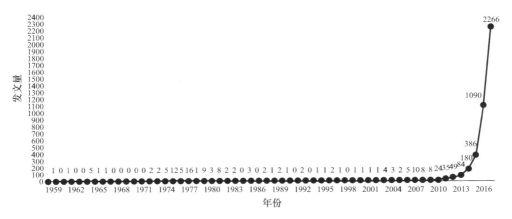

图 2-2　国内建筑工业化研究年度发文量

2. 机构发文量统计

高发文量机构以高校为主，同时，住房城乡建设部科技与产业化发展中心从国家层面对建筑工业化发展做出了突出贡献，而中国建筑股份有限公司作为建筑企业，代表企业层面对工业化发展在建筑领域的推进进行了大量研究。通过机构发文量的基本统计可以发现，对于建筑工业化，政府、企业及科研机构都进行了广泛的研究（表 2-1）。

国内建筑工业化研究发文量前 10 名机构　　　　　表 2-1

序号	机构	发文量	百分比
1	沈阳建筑大学	67	1.58%
2	中国建筑标准设计研究院	46	1.08%
3	同济大学	41	0.96%
4	山东建筑大学	37	0.87%
5	东南大学	25	0.59%
6	住房城乡建设部科技与产业化发展中心	25	0.59%
7	中国建筑股份有限公司	20	0.47%
8	西安建筑科技大学	19	0.45%
9	中国建筑科学研究院	17	0.40%
10	北方工业大学	17	0.40%

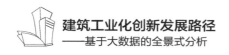

3. 作者发文量统计

从作者发文量统计可以看出，北京市建筑设计研究院的樊则森、中国建筑标准设计研究院的刘东卫在建筑工业化领域发文量最多，住房城乡建设部住宅产业化促进中心的刘美霞在此领域发文量也名列前茅。中建集团的叶浩文、宝业集团的樊骅等作为企业代表发文量也很高。在科研机构中沈阳建筑大学的齐宝库和李丽红、北方工业大学的纪颖波，以及中国建筑业协会的王铁宏等都有较高的发文量。政府、企业、高校、科研机构及行业组织都十分关注建筑工业化领域的研究（表2-2）。

国内建筑工业化研究发文量前 10 名作者　　　　　　　　　表 2-2

序号	作者	所属机构	发文量	百分比
1	樊则森	北京市建筑设计研究院有限公司	67	1.58%
2	刘东卫	中国建筑标准设计研究院	46	1.08%
3	叶浩文	中国建筑股份有限公司	41	0.96%
4	齐宝库	沈阳建筑大学	37	0.87%
5	刘美霞	住房城乡建设部住宅产业化促进中心	25	0.59%
6	樊骅	宝业建设集团股份有限公司	25	0.59%
7	蒋勤俭	北京榆构有限公司	20	0.47%
8	纪颖波	北方工业大学	19	0.45%
9	李丽红	沈阳建筑大学	17	0.40%
10	王铁宏	中国建筑业协会	17	0.40%

4. 期刊发文量统计

通过对期刊的统计分析可以发现，北大核心期刊名录中所列工业技术核心期刊发文量较少，以《建筑技术》为代表的工业技术核心期刊发文量占总数的3.44%（表2-3）。因此，未来在建筑工业化研究方面不仅要提高文章质量，也要提高期刊水平。

国内建筑工业化研究发文量前 10 名期刊　　　　　　　　　表 2-3

序号	期刊	发文量	百分比
1	住宅产业	276	6.49%
2	墙材革新与建筑节能	245	5.76%
3	建筑	240	5.65%
4	建设科技	157	3.69%
5	建筑技术	146	3.44%
6	住宅与房地产	145	3.41%
7	施工企业管理	88	2.07%
8	施工技术	87	2.04%
9	建筑经济	49	1.15%
10	混凝土	45	1.06%

2.2.2　国内建筑工业化研究机构合作情况分析

机构合作是指不同研究机构之间通过共同发表学术论文而形成了合作关系，具有合作关系的机构在建筑工业化研究过程中的研究内容和主题上有一定的相似之处。本书对 4250 篇文章进行统计分析，利用 Gephi 可视化软件进行知识图谱的绘制、网络参数的计算，并基于模块化算法[注1]识别国内建筑工业化研究领域的机构合作网络。

如表 2-4 所示，搜索结果通过统计之后共计 498 个节点，代表存在 498 个发文机构；268 个边表示在网络中的 498 个机构通过 268 个边连接在一起，形成了一个大型的机构合作共现网络。

国内建筑工业化研究机构合作网络参数　　　　　　　　表 2-4

参数名称	数值
节点[注2]	498
边[注3]	268
平均度[注4]	1.072
社区数量	328

在图 2-3 中，可以发现有许多节点机构是独立的，没有通过边与其他节点相连，表示他们没有与其他机构建立合作，同时由图 2-4 度分布情况可以发现，有269 个机构的中心度是 0，表示没有任何一条边与这些机构节点相连，表示 269 个机构不存在合作网络。

图 2-3　国内建筑工业化研究机构合作网络

Results:

Average Degree: 1.072

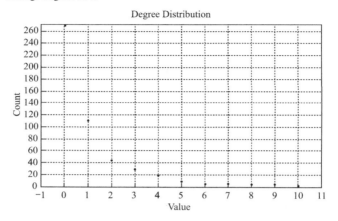

图 2-4　国内建筑工业化研究机构合作网络度分布[注5]

因此，除去没有合作的 269 个机构外，229 个机构通过 268 条边连接到一起形成一个大型的国内建筑工业化研究机构合作网络。通过模块化算法计算之后，229 个机构通过 268 条边形成了 59 个小型机构网络。本研究列举合作机构数量前 10 的机构网络。具体见表 2-5。

基于模块化算法的国内建筑工业化研究 10 个机构合作网络[注6]　　　表 2-5

序号	机构数量	代表机构	百分比
1	17	中国建筑标准设计研究院有限公司，北京市建筑工程研究院有限责任公司，北京建筑大学，北京建工集团有限责任公司，住房城乡建设部科技与产业化发展中心（住房城乡建设部住宅产业化促进中心）	3.41%
2	15	中国建筑标准设计研究院，中国建筑股份有限公司，中国建筑设计院有限公司，中建科技集团有限公司，中建科技有限公司	3.01%
3	14	上海市住房城乡建设管理委员会，山东省住房城乡建设厅，北京市住房城乡建设委员会，深圳市住房建设局，四川省住房和城乡建设厅	2.81%
4	12	沈阳建筑大学土木工程学院，大连理工大学建设管理系，东北财经大学投资工程管理学院，大连理工大学建设工程学部，中国建筑第八工程局有限公司	2.40%
5	12	山东建筑大学管理工程学院，住房城乡建设部科技与产业化发展中心，沈阳建筑大学，北京交通大学经济管理学院，山东建筑大学	2.40%
6	11	宝业集团股份有限公司，华东建筑设计研究院有限公司，宝业集团上海建筑工业化研究院，上海交通大学船舶海洋与建筑工程学院，上海装配式建筑技术集成工程技术研究中心	2.20%

续表

序号	机构数量	代表机构	百分比
7	10	东南大学土木工程学院，南京工业大学土木工程学院，河南工业大学土木建筑学院，中国十七冶集团有限公司，南通建筑工程总承包有限公司	2.00%
8	9	中国建筑科学研究院，上海建工集团股份有限公司，同济大学土木工程学院，北京预制建筑工程研究院有限公司，北京预制建筑工程研究院	1.80%
9	7	上海市建筑建材业市场管理总站，住房城乡建设部，同济大学，上海天华建筑设计有限公司，中国城市科学研究会	1.40%
10	5	同济大学建筑工程系，同济大学结构工程与防灾研究所，日本大和房屋工业株式会社，同济大学土木工程防灾国家重点实验室，宝业集团浙江建设产业研究院有限公司	1.00%

由表2-5可知，最大型的机构合作网络共包含17个机构，机构数量占全部机构数量的3.41%。共有7个机构网络包含超过10个机构。由度分布图可知，多数合作网络是由2个或者3个机构组成的小型合作网络，说明机构合作网络的组成以2～3个机构组成的小型合作网络为主。国内机构合作网络结果显示，在机构之间的合作形成了包括政府-企业-高校合作［北京建筑大学、北京建工集团有限责任公司、住房城乡建设部科技与产业化发展中心（住房城乡建设部住宅产业化促进中心）］；校企合作（大连理工大学建设工程学部、中国建筑第八工程局有限公司）；政企合作［住房城乡建设部科技与产业化发展中心（住房城乡建设部住宅产业化促进中心）、北京市建筑工程研究院有限责任公司］；政府-高校合作（住房城乡建设部、同济大学）；校际合作（东南大学土木工程学院、南京工业大学土木工程学院、河南工业大学土木建筑学院）；企业间合作（中国十七冶集团有限公司、南通建筑工程总承包有限公司）；政府部门间合作及组织内合作（校内合作、企业内合作、政府部门内合作）等合作方式。在整个合作网络中，住房城乡建设部住宅产业化促进中心作为推进建筑工业化和住宅产业化的政府部门，在促进机构合作、引领产学研协同发展方面起到了重要作用。同时，山东建筑大学、同济大学作为高校代表，参与了多元的项目合作方式，在促进行业发展的理论研究方面提供了重要支撑。国内建筑企业也积极参与机构间的合作，为这种多元化合作模式提供了重要支持。

2.2.3 国内建筑工业化研究作者合作情况分析

作者合作是指不同作者之间通过共同发表学术论文而形成了合作关系，具有合作关系的作者在建筑工业化研究过程中的研究内容和主题上有一定的相似之处。本书对4250篇文章进行统计分析，利用Gephi可视化软件绘制知识图谱、计

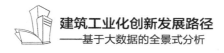

算网络参数，并基于模块化算法可识别国内建筑工业化研究领域的作者合作网络。如图 2-5、图 2-6、表 2-6 所示。

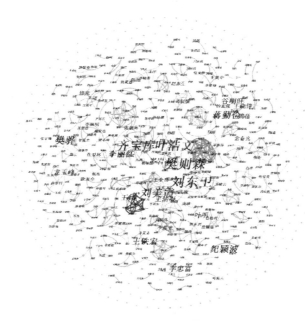

图 2-5　国内建筑工业化研究作者合作网络

Results:

Average Degree: 2.005

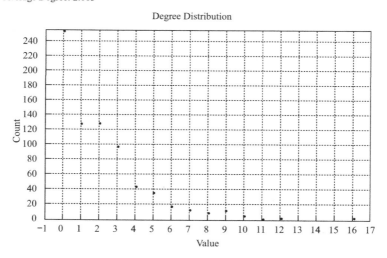

图 2-6　国内建筑工业化研究作者合作网络度分布

国内建筑工业化研究作者合作网络参数　　　　　　　　　　表 2-6

参数名称	数值
节点	748
边	750
平均度	2.005
社区数量	364

由表 2-7 可知，最大型的合作者网络共包含 38 个作者，作者数量占全部作者数量的 5.08%。共有 6 个网络的合作者网络包含超过 10 个作者。由度分布图可知，多数合作都是由 2 个或 3 个作者组成的，说明作者合作网络的组成以 2～3 个作者组成的小型合作网络为主。通过国内学者的合作网络可以看出，合作者形成了包括政府-企业-高校合作（中国建筑科学研究院王晓锋、北京榆构蒋勤俭、同济大学赵勇），校企合作（沈阳建筑大学齐宝库、中国建筑工程总公司第八工程局章诚），政企合作（住房城乡建设部住宅产业化促进中心武振、北京市建筑设计研究院有限公司樊则森），政府-高校合作（住房城乡建设部住宅产业化促进中心叶明、大连理工大学范悦），政府间合作（住房城乡建设部科技与产业化发展中心刘美霞、长春税务局武振），校际合作（哈尔滨工业大学王要武、香港理工大学沈岐平），企业间合作（中建股份有限公司叶浩文、广州天达混凝土有限公司林仲龙），组织内合作，包括校内合作（山东建筑大学徐友全、张杰），企业内合作（中国建筑股份有限公司叶浩文、周冲）及政府部门内合作（住房城乡建设部科技与产业化发展中心刘美霞、王洁凝）等多种合作方式。通过研究可以发现，在合作者网络中，合作形式较为多元，这种多元化的合作模式不仅能够增加研究的科学性，也是科研、教育和生产的不同社会分工在功能与资源优势上的协同与集成，是技术创新上、中、下游的对接与耦合，有利于促进产学研协同创新与持续发展。

基于模块化算法的国内建筑工业化研究 10 个作者合作网络[注7]　　　　表 2-7

序号	作者数量	代表作者	百分比
1	38	樊则森，刘东卫，叶浩文，岑岩，周冲	5.08%
2	32	齐宝库，李丽红，李晓明，张爱林，张德海	4.28%
3	22	刘美霞，叶明，王洁凝，王全良，武振	2.94%
4	15	李晨光，阎明伟，郏泽，陈峰，邓思华	2.01%
5	12	王铁宏，王伟，李建新，侯和涛，童乐为	1.60%
6	11	蒋勤俭，谷明旺，魏蓓，王晓锋，钟志强	1.47%
7	11	王刚，李慧芳，曾令荣，庄剑英，牛凯征	1.47%
8	8	徐友全，张杰，张婷，程博，李勇	1.11%
9	8	王万金，董全霄，贺奎，吴敬朋，朱宁	1.11%
10	8	陈艳，贺灵童，王宇，李晓芬，李昕	1.11%

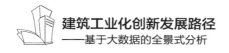
2.2.4 国内建筑工业化研究内容分析

国内建筑工业化研究内容分析通过对一个关键词与其他关键词在同一篇论文中共同出现（共现）的情况进行统计。在同一篇文章中共同出现的关键词在研究内容上较为相似[13,14]，内容相近的多个关键词组成的网络能够代表建筑工业化的一个研究主题。本书对 4250 篇文章进行统计分析，利用 Gephi 可视化软件绘制知识图谱，得到我国建筑工业化研究关键词共现网络知识图谱，见图 2-7。

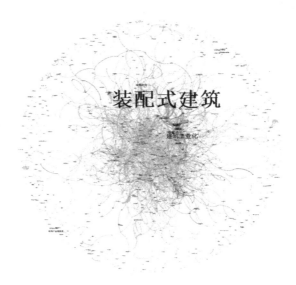

图 2-7　国内建筑工业化关键词共现网络

在图 2-7 知识图谱中，位于核心位置的关键词是与建筑工业化主题密切相关的，随着与核心位置的距离增加，与建筑工业化主题的相关性逐渐减弱，在边缘位置的关键词与建筑工业化研究相关性最差。关键词贡献网络共计 1807 个节点，代表存在 1807 个关键词，共计 3661 个边，表示在网络中的 1807 个关键词通过 3661 个边连接在一起，形成了一个大型的关键词共现网络。对 1807 个关键词出现的频率进行统计，基于排名前 20 的高频关键词的统计来分析国内建筑工业化研究的热点内容。总体来讲，我国建筑工业化目前以大力发展装配式建筑为主要任务，通过结构构件的预制，结合 BIM 技术，采用绿色建材建造装配式混凝土结构住宅，同时探索钢筋混凝土结构、钢结构建筑的工业化、产业化生产手段（表 2-8）。

国内建筑工业化研究前 20 个高频词关键词　　　　　　表 2-8

序号	关键词	出现次数	序号	关键词	出现次数
1	装配式建筑	1607	11	装配式住宅	153
2	建筑工业化	646	12	结构构件	145
3	装配式	368	13	装配式混凝土结构	125
4	绿色建筑	257	14	BIM 技术	109
5	预制构件	236	15	钢结构	106
6	建筑产业现代化	235	16	工业化建筑	106
7	建筑业	230	17	产业化	94
8	BIM	220	18	钢筋混凝土结构	85
9	建筑工业	165	19	钢结构建筑	80
10	建筑产业化	163	20	混凝土	79

1. 国内建筑工业化研究主题分析

本研究为了分析我国建筑工业化领域的研究主题，将数据域值设置为 TOP 10％，选取每个时区中前 10％高频出现的关键词节点进行研究内容统计分析[15,16]。由 Gephi 进行处理之后得到可视化程度更高的高频关键词共现网络知识图谱，见图 2-8。同时计算网络参数，并通过模块化算法得到国内建筑工业化研究热点主题。

图 2-8　国内建筑工业化研究高频关键词共现网络（TOP 10％/Slice）

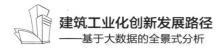
如表 2-9 所示，最终获得一个由 514 个关键词节点、1673 条边构成的关键词共现网络。这个网络能够代表国内建筑工业化研究领域的前沿和集中趋势。根据 Gephi 绘制的度分布图（图 2-9）可知，有 28 个关键词节点度数为 0，表示这些关键词没有与其他关键词共同出现在同一篇文章当中，其余 486 个关键词节点通过 1673 条边形成了 22 个社区。这些社区可以代表我国建筑工业化研究的热点主题（表 2-10）。对前 5 个网络内容的详细分析结果见图 2-10。

国内建筑工业化研究高频关键词共现网络属性 表 2-9

参数名称	数值
数据阈值	TOP 10%
节点	514
边	1673
平均度	6.889
社区数量	50

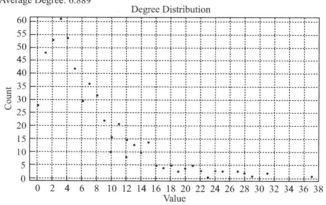

Results:
Average Degree: 6.889

图 2-9　国内建筑工业化研究高频关键词共现网络度分布

基于模块化算法的国内建筑工业化研究 10 个高频关键词共现网络[注8] 表 2-10

序号	关键词数量	代表性关键词	主题
1	58	建设部，产业基地，公租房，技术规程，"十三五"规划	技术规程
2	48	建筑产业化，建筑行业，住宅产业，房地产业，全产业链	涉及产业
3	45	装配式混凝土结构，钢筋混凝土结构，预制装配式，部品，建造方式	建筑结构
4	39	装配式建造，北京市，上海，山东省，绿色施工，标准体系	工业化实践
5	36	钢结构，钢结构建筑，金属结构，可持续发展，钢结构工程，	钢结构建筑
6	31	建筑业企业，工程总承包模式，施工总承包，工程勘察，智能制造	建设过程
7	31	建筑设计，节能，成本控制，经济效益，绿色	建筑节能
8	29	装配式建筑，预制构件，BIM，预制率，装配率	装配式建筑
9	28	新型墙材，墙材革新，建筑材料工业，墙材产品，墙体材料	建筑材料
10	27	工业化建筑，木结构建筑，高层建筑，大板建筑，桥梁建筑	建筑产品

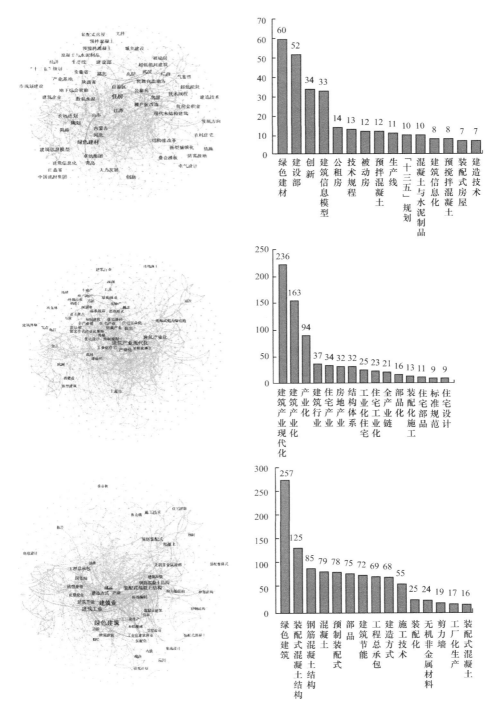

图 2-10　国内建筑工业化研究 5 个热点主题（一）

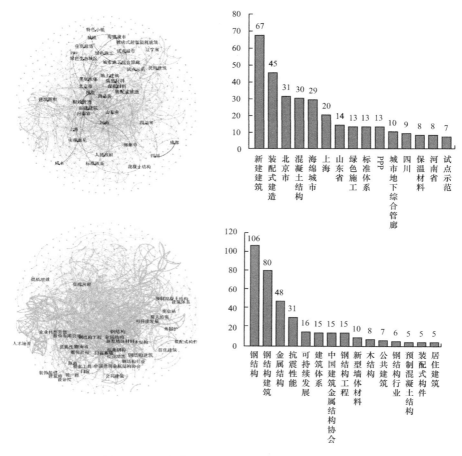

图 2-10 国内建筑工业化研究 5 个热点主题（二）

从图 2-10 可以看到，国内建筑工业化的前 10 个热点主题包括：（1）技术规程。从国家层面强调了建筑工业化的技术、材料等内容；（2）涉及产业。研究内容集中于建筑工业化涉及的产业，包括建筑行业、住宅产业、房地产业以及全产业链方面的研究；（3）建筑结构。研究了装配式混凝土结构、钢筋混凝土结构以及混凝土结构的建筑，通过改进建造方式和施工技术等手段，实现建筑节能，最终建造绿色建筑；（4）建筑工业化实践。讨论了建筑工业化在全国各个省市的试点示范新建建筑工程，包括建造方式，并提出了 PPP 融资模式；（5）钢结构等其他材料的主要性能。基于建筑业的可持续发展，研究了钢结构建筑等其他材料的建筑体系的抗震性能等；（6）建设过程。关注建筑产品的设计、施工、制造等过程，重点研究了工程总承包模式；（7）建筑节能。从设计、施工等方面研究了技术、成本、效益等问题，主要目的是建造节能、绿色的建筑；（8）装配式建筑。通过信息化手段，对预制构件结构、模型的结构设计等方面开展研究，考虑装配式建筑的预制率、装配率等问题；（9）建筑材料。通过对各种新型材料的研究，使建筑材料工业等基础工业能够持续健康发展，其中重点研究了标准定额、工程建设标准等问题；（10）建筑产品。这个主题主要讨论了各种类型的建筑产品在工业化过程中的发展潜力，如工业化建筑、木结构建筑、高层建筑等。

2. 国内建筑工业化研究趋势分析

为了分析国内建筑工业化研究的发展趋势，本书进行了时间演化分析。将 1991～2017 年按照时间划分为 6 个阶段，即 1991～1995、1996～2000、2001～2005、2006～2010、2011～2015、2016～2017 的 6 个阶段（由于早期国内建筑工业化研究发展较慢，变化趋势不明显，且本研究主要目的是分析国内建筑工业化研究现状，因此以 1991 年以后的研究为主）。通过可视化软件分析，可以得到 6 个阶段的可视化知识图谱，见图 2-11，以及网络特征参数，见表 2-11。

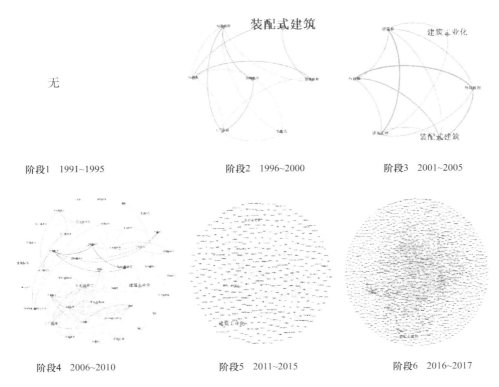

图 2-11 1991～2017 年国内建筑工业化研究关键词共现网络的动态变化

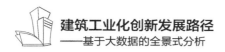

1991～2017 年国内建筑工业化研究关键词共现网络参数的变化　　表 2-11

时间段	文章数量	节点数	边	社区数量
1991～1995	4	1	0	0
1996～2000	5	7	14	2
2001～2005	11	6	12	2
2006～2010	55	43	86	12
2011～2015	734	424	847	51
2016～2017	3356	1467	2780	311

　　由图 2-11 的关键词共现网络的动态变化情况，以及表 2-11 的参数变化情况可知，从网络整体属性来看，随着时间段变化，关键词节点数量变多，从 1991～1995 时间段的 1 个节点增加到 2016～2017 时间段的 1467 个节点。同时，连接节点边的数量也增加了，由最初的 0 个边增加到 2780 个边。根据模块化算法划分出的主题群的数量从 0 个增加到 311 个，由简单网络演化至大型复杂网络，说明研究内容越来越丰富。

　　在此基础上，分析了 1991～2017 年 6 个时期主要研究内容的变化，提示各个时期的研究热点及其动态变化，见图 2-12。将各阶段出现频次最高的 20 个关键词进行排序，将出现在不同阶段的同一关键词相连，分析排名的变化情况，排名上升表示研究热度相对增加排名下降表示研究热度相对减少，否则研究热度不变。

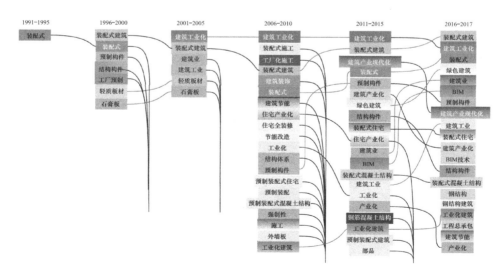

图 2-12　国内建筑工业化研究各阶段主要研究内容动态变化

具体来看，研究内容的热度变化在时间上的动态性较为明显，且变化较大。早期，建筑工业化研究内容较为简单，以装配式的建筑或基础设施的构件为研究起点（1991～1995，1996～2000），对建筑材料、建筑结构等进行了研究（1996～2000，2001～2005）；逐步开展预制技术、预制装配及装配式施工技术（2006～2010，2011～2015）；以面对严峻的环境问题，建筑业开始通过节能改造探索绿色建筑的发展（2011～2015，2016～2017）；同时，结合现代科技，将BIM技术应用在建筑工业化过程中（2011～2015，2016～2017），发展工程总承包模式并开始探索钢结构建筑在建筑工业化过程中的重要潜力（2016～2017）。通过各阶段的研究内容变化情况可以发现，我国建筑工业化正在向绿色发展、技术创新、管理高效等方面发展。

2.2.5　国内建筑工业化研究总结

通过对我国建筑工业化研究现状及趋势的分析可以发现，无论是政府、企业，还是高校、科研机构，都十分关注建筑工业化相关研究。

根据机构合作网络分析结果发现，在机构之间的合作形成了包括政府-企业-高校合作、校企合作、政企合作、政府-高校合作、校际合作、企业间合作、政府部门间合作及组织内合作（校内合作、企业内合作、政府部门内合作）等合作方式。

根据作者合作网络分析结果发现，作者间合作形成了包括政府-企业-高校合作、校企合作、政企合作、政府-高校合作、校际合作、企业间合作、政府部门间合作及组织内合作（包括校内合作、企业内合作及政府内部门合作）等多种合作方式，且逐渐发展更加多元的合作方式，实现产学研的结合，有助于促进理论研究的实践转换。

根据关键词共现网络的特点及其动态变化，确定了我国建筑工业化研究的六大类别，即涉及产业、建筑产品、工业化过程、体系和构件、技术方法和建筑材料，如图2-13所示。

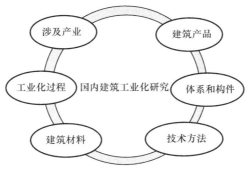

图2-13　国内建筑工业化研究类别框架

（1）从涉及的产业角度来看，建筑工业化涉及多个产业领域，包括建筑产业、住宅产业、房地产业、建材工业等基础工业。通过研究可以发现，在未来的发展过程中，相关研究逐渐考虑全产业链的资源整合。

（2）从建筑产品的角度来看，当前建筑工业化以装配式建筑、工业化建筑等为主要建筑形式，建筑产品具体包括居住建筑、商品住宅、桥梁等基础设施等。通过研究趋势分析可以发现，我国建筑工业化研究逐渐探索高层建筑的工业化建造方式，并且为实现建筑业的健康可持续发展，探索钢结构、木结构建筑的潜力和可行性。

（3）从管理模式来看，建筑工业化过程涉及众多过程，包括建筑的设计、建造、施工、管理等。随着安全事故频发，建筑施工过程中的安全管理已经引起了高度重视。为了更好地进行工程建设管理，鼓励建筑业发展工程总承包模式，有利于优化资源配置及优化组织结构以形成规模经济。同时，发展PPP融资模式，政府部门和民营部门可以取长补短，发挥政府机构和民营机构各自的优势。

（4）从建筑体系和构件的角度来讲，主要研究了以砖混结构、钢筋混凝土结构、装配式混凝土、钢结构为代表的工业化建筑体系，以及相关预制混凝土构件标准化生产。可以发现出于成本和安全等因素的考虑，目前以钢筋混凝土结构为主要建筑体系，但随着技术进步及可持续发展的目标要求，急需探索钢结构、木结构等新型建筑结构的发展潜力。

（5）从技术的角度分析建筑工业化，结合技术经济和技术政策客观因素，研究了包括施工技术等关键技术，以及BIM等信息化技术。在未来的研究中，结合更加智能高效的现代化信息技术，在信息化、可视化方面提高工程建设的安全性和可持续性。同时，在施工技术方面继续发展预制技术及其他工业化施工技术手段，全面提升我国工业化建造水平。

（6）从材料及其性能的角度来看，研究内容主要包括混凝土、板材、墙体材料等建筑材料的成本及性能，以及其他建筑构件的耐久性、抗震性、强度等其他力学性能。通过研究趋势分析可以发现，未来的建筑工业化研究基于建筑节能的理念，将开展更多关于新型建筑材料的研究。

2.3　国外建筑工业化研究现状分析

网站：Web of Science；

数据库：SSCI/SCI，ICPC/ICCPC；

检索时间：1970~2017；

研究领域：Construction Building Technology；

主题："industrialization" or "construction industrialization" or "building industrialization" or "industrialized construction" or "industrialized building" or "modular construction" or "modular building" or "construction assembly" or "prefabricat*" or "precast" or "off-site" or "off site"；

检索结果数量：2401。

2.3.1 国外建筑工业化研究基本统计分析

对于国外建筑工业化研究内容的分析，我们将检索主题确定为 "industrialization" or "construction industrialization" or "building industrialization" or "industrialized construction" or "industrialized building" or "modular construction" or "modular building" or "construction assembly" or "prefabricat*" or "precast" or "off-site" or "off site"。以 Web of Science 平台的 SSCI/SCI，ICPC/ICCPC 数据库为数据来源，由于数据库记录开始于 1970，检索时间跨度设置为 1970~2017，共检索出 2401 篇文章。首先，我们对这 2401 篇文章的内容进行基本统计分析，通过对年度发文量、国家发文量、机构发文量、作者发文量，以及期刊发文量的统计分析，揭示国外建筑工业化研究的整体特点和趋势。

1. 年度发文量统计

根据统计结果，1970~1990 年期间发文量较低，没有显著变化。自 1991 年以来，文章数量呈稳步增长趋势。这表明自 1991 年以来，建筑工业化对研究人员的吸引力越来越大（图 2-14）。

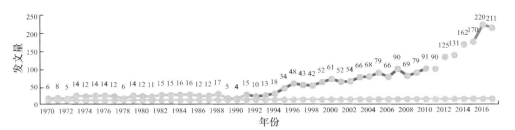

图 2-14　国外建筑工业化研究年度发文量

2. 国家发文量统计

根据表 2-12 国家发文量统计结果可以发现，美国十分重视建筑工业化领域的研究，在发文量上远超其他国家，达到 867 篇，同时，中国在建筑工业化领域的发文量达到 178 篇，虽然落后于美国，但相对其他国家来说发文量也较多。除此

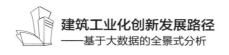

之外，西班牙、加拿大、德国、韩国、英国、意大利和澳大利亚在建筑工业化研究领域的发文量也相对较多。

建筑工业化研究发文量前 10 个国家   表 2-12

国家	发文量	百分比
美国	867	36.11%
中国	178	7.41%
加拿大	144	6.00%
德国	126	5.25%
西班牙	126	5.25%
韩国	121	5.04%
英国	116	4.83%
意大利	82	3.42%
澳大利亚	63	2.62%
土耳其	56	2.33%

3. 机构发文量统计

由表 2-13 的发文机构统计结果可知，从机构类型上看，以高校作为主要研究机构，可见高校作为学术科研活动的重要主体发挥了引领作用。其中，理海大学、加利福尼亚大学、伊利诺伊大学在总体发文量上领先于其他高校。其中，美国理海大学本身在历史上就以其工程专业而闻名。

国际建筑工业化研究发文量前 10 个机构   表 2-13

机构	机构（译）	所属国家	发文量	百分比
Lehigh University	理海大学	美国	44	1.83%
University of California，San Diego	加州大学圣地亚哥分校	美国	38	1.58%
University of Illinois	伊利诺伊大学	美国	31	1.29%
Tongji University	同济大学	中国	30	1.25%
Technion Israel Institute of Technology	以色列理工学院	以色列	29	1.21%
University of Nebraska	内布拉斯加州立大学	美国	28	1.17%
Kyung Hee University	庆熙大学	韩国	27	1.13%
Seoul National University	首尔国立大学	韩国	26	1.08%
University of Notre Dame	圣母大学	美国	25	1.04%
University of Washington	华盛顿大学	美国	24	1.00%

4. 作者发文量统计

由表 2-14 的作者发文量统计结果可知，国外建筑工业化研究主要来自于美国作者，也有部分韩国、德国、加拿大、以色列和西班牙的作者在研究中做出了突出贡献。高发文量作者以高校作者为主，来自企业的作者也同样做出了突出贡献，如来自美国 SK Ghosh 集团的 Ghosh SK，SK Ghosh 集团在推动技术发展和整合守则、标准等技术资源方面贡献突出。

国外建筑工业化研究发文量前 10 个作者 表 2-14

作者	所属机构	所属机构（译）	所属国家	发文量	百分比
Tadros MK	University of Nebraska	内布拉斯加州立大学	美国	34	1.42%
Ghosh SK	SK Ghosh Associates Inc	SK Ghosh 公司	美国	23	0.96%
Pessiki S	Lehigh University	理海大学	美国	23	0.96%
Kurama YC	University of Notre Dame	圣母大学	美国	21	0.88%
Pantelides CP	University of Utah	犹他州大学	美国	17	0.71%
Sause R	Lehigh University	理海大学	美国	16	0.67%
Hong WK	Kyung Hee University	庆熙大学	韩国	15	0.63%
Hegger J	RWTH Aachen University	亚琛工业大学	德国	14	0.58%
Oliva MG	University of Wisconsin	威斯康星大学	美国	14	0.58%
Sacks R	Lehigh University	理海大学	美国	14	0.58%

5. 期刊发文量统计

由表 2-15 的期刊发文量统计结果可知，由美国出版的 PCI Journal（Journal of the Precast Prestressed Concrete Institute）在建筑工业化研究方面的发文量远远高于其他期刊，在本研究领域具有一定权威性。同时，Construction and Building Materials、ACI Structural Journal、Automation in Construction 以及 Journal of Structural Engineering ASCE 也在建筑工业化研究领域具有一定权威性。

国外建筑工业化研究发文量前 10 个期刊 表 2-15

期刊	国家	发文量	百分比
PCI Journal（Journal of the Precast Prestressed Concrete Institute）	美国	572	23.82%
Construction and Building Materials	英国	194	8.08%
Journal Prestressed Concrete Institute	美国	148	6.16%
ACI Structural Journal	美国	133	5.54%
Journal of Structural Engineering ASCE	美国	74	3.08%
Automation in Construction	荷兰	67	2.79%
Materials and Structures	荷兰	64	2.67%
Journal of Performance of Constructed Facilities	美国	63	2.62%
Magazine of Concrete Research	英国	62	2.58%
Beton-Und Stahlbetonbau（混凝土和钢筋混凝土结构）	德国	60	2.50%

2.3.2 国外建筑工业化研究国家合作情况分析

国家合作是指不同国家之间通过共同发表学术论文而形成了合作关系。本书利用 Gephi 可视化软件绘制知识图谱，进行网络参数的计算，并基于模块化算法得到国外建筑工业化研究领域的国家合作网络，见图 2-15。

图 2-15　国外建筑工业化研究的国家合作网络

如表 2-16 所示，国家合作网络共计 62 个节点，代表存在 62 个国家；132 个边表示在网络中的 62 个国家通过 132 个边连接在一起，形成了一个大型的国家合作网络。从图 2-15 及图 2-16 度分布情况可以发现，有 5 个国家的度是 0，表示他们没有与其他国家形成合作，分别是 Lithuania（立陶宛）、Honduras（洪都拉斯）、Luxembourg（卢森堡）、South Africa（南非）、Algeria（阿尔及利亚）。基于模块化算法，其他 57 个国家共形成 8 个独立的小型网络。网络具体构成见表 2-17。

国外建筑工业化研究国家合作网络参数　　　　　　　　　表 2-16

参数名称	数值
节点	62
边	132
平均度	3.937
社区数量	13

Results:

Average Degree: 3.937

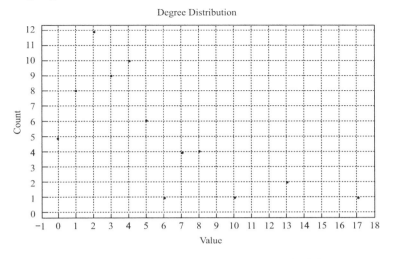

图 2-16 国外建筑工业化研究国家合作网络度分布

基于模块化算法的国外建筑工业化研究 8 个国家合作网络[注9]   表 **2-17**

序号	国家数量	所含国家	百分比
1	14	Germany，Italy，Austria，Israel，Sweden，Switzerland，Denmark，Finland，Romania，Poland，Serbia，Greece，Wales，Cuba（德国、意大利、奥地利、以色列、瑞典、瑞士、丹麦、芬兰、罗马尼亚、波兰、塞尔维亚、希腊、威尔士、古巴）	22.58%
2	13	China，South Korea，England，Australia，Japan，Portugal，Singapore，Iran，Scotland，Thailand，Indonesia，North Ireland，Vietnam（中国、韩国、英国、澳大利亚、日本、葡萄牙、新加坡、伊朗、苏格兰、泰国、印度尼西亚、北爱尔兰、越南）	22.58%
3	9	USA，Canada，Turkey，Egypt，United Arab Emirates，Saudi Arabia，Slovenia，Pakistan，Lebanon（美国、加拿大、土耳其、埃及、阿拉伯联合酋长国、沙特阿拉伯、斯洛维尼亚、巴基斯坦、黎巴嫩）	14.52%
4	7	France，India，Belgium，Netherlands，Mexico，Croatia，Colombia（法国、印度、比利时、荷兰、墨西哥、克罗地亚、哥伦比亚）	11.29%
5	5	Spain，New Zealand，Chile，Argentina，Peru（西班牙、新西兰、智利、阿根廷、秘鲁）	8.06%
6	4	Brazil，Czech Republic，Panama，Slovakia（巴西、捷克共和国、巴拿马、斯洛伐克）	6.45%
7	3	Malaysia，Oman，Albania（马来西亚、阿曼、阿尔巴尼亚）	4.84%
8	2	Ireland，Sri Lanka（爱尔兰、斯里兰卡）	3.23%

由表 2-17 可知，国家合作网络中的合作性较好，除了 5 个国家未形成合作网络外，其他 57 个国家都与其他国家形成了合作关系，国际合作关系有利于知识的交流。在 8 个独立的合作网络中，2 个国家合作网络分别包含 14 个国家，国家数量占全部国家数量的 45.16%，是大型的国际合作网络。最小的合作网络由两个国家构成。根据国家合作网络统计表可知，国家合作网络以美国、德国、中国、西班牙、加拿大等国家为核心。

2.3.3 国际建筑工业化研究机构合作情况分析

机构合作是指不同研究机构之间通过共同发表学术论文而形成了合作关系，具有合作关系的机构在建筑工业化研究过程中的研究内容和主题上有一定的相似之处。本书对 2401 篇文章进行统计分析，利用 Gephi 可视化软件绘制知识图谱，进行网络参数的计算，并基于模块化算法得到国外建筑工业化研究领域的机构合作网络，见图 2-17。具体参数见表 2-18。

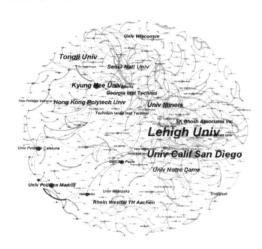

图 2-17　国际建筑工业化研究机构合作网络

国际建筑工业化研究机构国家合作网络参数　　　　　　表 2-18

参数名称	数值
节点	546
边	688
平均度	2.52
社区数量	152

如表 2-18 所示，研究机构合作网络共计 546 个节点，代表存在 546 个发文机构；688 个边表示在网络中的 546 个机构通过 688 个边连接在一起，形成了一个

大型的机构合作网络。在可视化知识图（图 2-17）中，可以发现有许多机构没有与其他机构形成合作关系，同时由图 2-18 度分布情况可以发现，有 102 个机构的中心度是 0，表示没有任何一条边与这些机构节点相连，表明他们没有与其他机构形成合作关系。其余 444 个机构通过 688 条边连接在一起形成了一个大型的国际合作机构网络。通过模块化算法计算发现，444 个机构通过 688 条边形成了 50 个小型的机构网络，本研究列举合作机构数量前 10 的机构网络（表 2-19）。

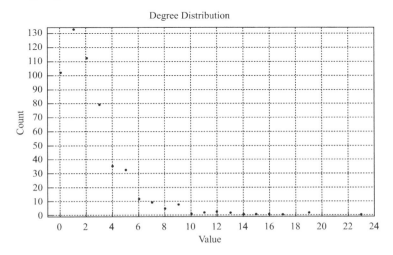

图 2-18　国际建筑工业化研究机构合作网络度分布

基于模块化算法的国际建筑工业化研究 10 个机构合作网络[注10]　　表 2-19

序号	数量	代表机构	百分比
1	37	University of California, San Diego, University of Utah, University of Minnesota, University of Texas at Austin, University of California, Berkeley（加利福尼亚大学圣地亚哥分校、犹他大学、明尼苏达大学、德克萨斯大学奥斯汀分校、加利福尼亚大学伯克利分校）	6.78%
2	31	University of Illinois, SK Ghosh Associates Inc, Hanyang University, Cambridge University, Ecole Polytech Fed Lausanne（伊利诺伊大学、SK Ghosh 公司、汉阳大学、剑桥大学、洛桑联邦理工学院）	5.68%
3	29	Seoul National University, Hunan University, Chung-Ang University, Dankook University, Beijing University of Technology（首尔大学、湖南大学、韩国中央大学、檀国大学、北京工业大学）	5.31%
4	27	Kyung Hee University, Universidad Politécnica de Madrid, University of Catalonia, University of Sao Paulo, Minho University（庆熙大学、马德里理工大学、加泰罗尼亚大学、圣保罗大学、米尼奥大学）	4.95%

31

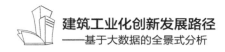

序号	数量	代表机构	百分比
5	26	Georgia Institute of Technology，Israel Institute of Technology，N Carolina State University，Precast Prestressed Concrete Inst，Yonsei University（乔治亚理工学院、以色列理工学院、北卡罗来纳州立大学、预制/预应力混凝土研究所、延世大学）	4.76%
6	25	Hong Kong Polytech University，University of Alberta，University of Hong Kong，Loughborough University，Technische Universität München（香港理工大学、阿尔伯塔大学、香港大学、拉夫堡大学、慕尼黑工业大学）	4.58%
7	23	Texas A M University，University of Canterbury，University of Texas，Southeast University，University of Western Ontario（德克萨斯州 A&M 大学、坎特伯雷大学、德克萨斯大学、东南大学、西安大略大学）	4.21%
8	22	Lehigh University，Politecnico di Milano，University of Arizona，Cairo University，University of Bergamo（理海大学、米兰理工大学、亚利桑那大学、开罗大学、贝加莫大学）	4.03%
9	20	University of Notre Dame，Virginia Polytech Inst State University，Queens University，Southwest Jiaotong University，Turner Fairbank Highway Research Center（圣母大学、弗吉尼亚理工学院暨州立大学、皇后大学、西南交通大学、特纳费尔班克斯公路研究中心）	3.66%
10	20	University of Wisconsin，National University of Singapore，City University of Hong Kong，University Michigan，Graz University of Technology（威斯康星大学、新加坡国立大学、香港城市大学、密歇根大学、格拉茨技术大学）	3.66%

根据国际机构合作网络分析可以发现，合作类型主要包括校企合作、校际合作。具体来看，在合作网络中以校际合作为主，例如 University of Calif San Diego（加利福尼亚大学圣地亚哥分校）、University of Minnesota（明尼苏达大学）、University of Calif Berkeley（加利福尼亚大学伯克利分校）等。同时也包含了如 University of Illinois（伊利诺伊大学）、SK Ghosh Associates Inc 等校企合作网络。美国企业和高校在合作网络中占有重要位置。综上所述，在国外建筑工业化研究领域，研究前沿的机构以国际知名咨询公司和高校为主，合作形式也较为多元化。

2.3.4 国外建筑工业化研究作者合作情况分析

作者合作是指不同作者之间通过共同发表学术论文而形成了合作关系，具有合作关系的作者在建筑工业化研究过程中的研究内容和主题上有一定的相似之处。本书对 2401 篇文章进行统计分析，利用 Gephi 可视化软件绘制知识图谱，同时进行网络参数的计算，并基于模块化算法得到国外建筑工业化研究的作者合作网络，见图 2-19、图 2-20。具体参数见表 2-20。

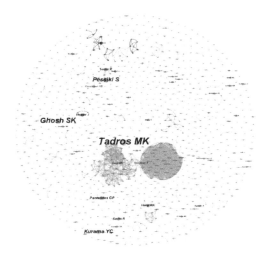

图 2-19　国外建筑工业化研究作者合作网络

Results:

Average Degree: 4.046

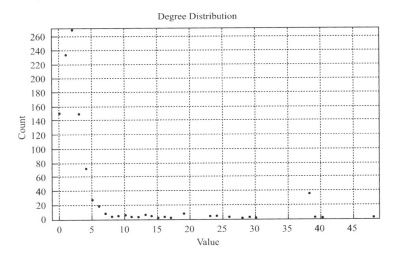

图 2-20　国外建筑工业化研究作者合作网络度分布

　　如表 2-20 所示，整个网络共计 1034 个节点，代表存在 1034 个作者；2100 个边表示在网络中的 1034 个作者通过 2100 个边连接在一起，形成了一个大型的合作者网络。在可视化知识图谱（图 2-19）中，可以发现有许多作者没有与其他作

者形成合作关系。同时，由图 2-20 度分布情况可以发现，有 150 个作者的中心度是 0，即没有任何一条边与这些作者节点相连，表示 150 个作者没有与其他作者形成合作关系。其余 884 个作者通过 2100 条边连接在一起形成一个大型的国外合作者网络。通过模块化算法计算之后，共形成了 211 个小型独立的合作者网络。本研究列举包含作者数量前 10 的合作者网络（表 2-21）。

国外建筑工业化研究作者合作网络参数 表 2-20

参数名称	数值
节点	1034
边	2100
平均度	4.046
社区数量	361

基于模块化算法的国外建筑工业化研究 10 个作者合作网络[注11] 表 2-21

序号	数量	代表作者	百分比
1	67	Oliva MG，Cleland NM，Gleich HA，Nasser GD，Speyer IJ	6.48%
2	39	Freedman S，Schnell J，Cilley RM，Friend LC，Sparrow J	3.77%
3	28	Pessiki S，Sause R，Fleischman RB，Naito CJ，Restrepo JI	2.71%
4	25	Park HG，Eom TS，Lee HJ，Hwang HJ，Moon JH	2.42%
5	15	Hong WK，Park SC，Kim SI，Kim KS，Lee DH	1.45%
6	14	Zielinski ZA，Englekirk RE，Stanton JF，Magana RA，Cleland NM	1.35%
7	13	Hegger J，Roggendorf T，Classen M，Scholzen A，Feldmann M	1.26%
8	12	Tadros MK，Schultz AE，Badie SS，French CE，Sun CB	1.16%
9	11	Al-Hussein M，Taghaddos H，Hermann U，Bouferguene A，Lei Z	1.06%
10	11	Ali AAA，Samad AAA，Mendis P，Trikha DN，Benayoune A	1.06%

由表 2-21 可知，最大型的合作者网络共包含 67 个作者。由度分布图可知，整个合作网络主要是由多个 2 个或 3 个作者组成的超小型合作网络构成。合作类型除了校际合作、校企合作以外，还存在校内合作、企业内部合作等组织内部合作形式。例如韩国庆熙大学的作者（Hong WK，Park SC，Kim SI，Kim KS 等）形成的校内合作网络以及美国预制/预应力混凝土协会的作者（Freedman S，Schnell J，Cilley RM，Sparrow J 等）形成的内部合作网络。

2.3.5 国外建筑工业化研究内容分析

国外建筑工业化研究内容分析是通过对一个关键词与其他关键词在同一

篇论文中的共现情况进行统计实现的。在同一篇文章中共同出现的关键词在研究内容上较为相似，同时，内容相近的多个关键词组成的网络能够代表建筑工业化的一个研究主题。本书对 2401 篇文章进行统计分析，利用 Gephi 可视化软件绘制知识图谱，得到国外建筑工业化研究关键词共现网络知识图谱，见图 2-21。

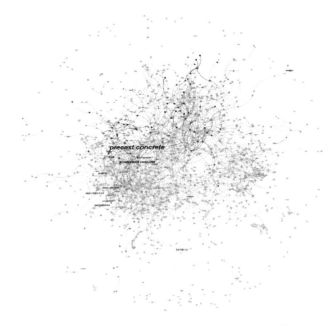

图 2-21　国外建筑工业化研究关键词共现网络

在图 2-21 可视化知识图谱中，位于核心位置的是与建筑工业化主题密切相关的关键词，随着与核心位置的距离增加，关键词与建筑工业化主题相关性逐渐减弱，在边缘位置的关键词与建筑工业化研究相关性最差。关键词共现网络共计 1462 个节点，代表存在 1462 个关键词，共计 3345 个边表示在网络中的 1462 个关键词通过 3345 个边连接在一起，形成了一个大型的关键词共现网络。通过对 1462 个关键词出现的频率进行统计，基于排名前 20 的高频关键词分析国外建筑工业化研究的热点内容（表 2-22），可以发现国外较多关注建筑材料，如预制混凝土（precast concrete）、预应力混凝土（prestressed concrete）、混凝土（concrete）和施工技术方面的研究，对于建筑结构、设计的研究也比较多。同时，可以发现国外建筑工业化十分关注桥梁建设的研究，表明国外在工业化方面比较集中于基础设施建设。

国外建筑工业化研究前 20 个高频词关键词　　　　表 2-22

序号	关键词	频次	度	序号	关键词	频次	度
1	precast concrete	325	49	11	strength	117	25
2	prestressed concrete	197	41	12	design（structural）	116	30
3	bridge	188	56	13	beam	108	40
4	concrete	184	37	14	precast	97	31
5	construction	172	41	15	system	84	23
6	behavior	164	35	16	research	72	27
7	design	160	14	17	durability	71	38
8	performance	151	36	18	reinforcement	64	55
9	building	132	46	19	prefabrication	62	22
10	connection	131	54	20	girder	54	35

1. 国外建筑工业化研究主题分析

为了研究国外建筑工业化研究领域的热点，将数据域值设置为 TOP 50，选取每个时区中前 50 个高频出现的关键词节点进行研究内容分析[15]。由 Gephi 软件进行处理之后得到高频关键词共现网络的知识图谱，见图 2-22。同时计算网络参数，通过模块化算法得到国外建筑工业化研究热点主题。

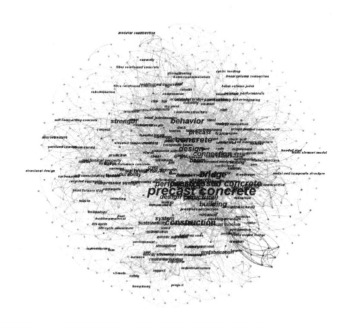

图 2-22　国外建筑工业化研究高频关键词共现网络（TOP 50/Slice）

由表 2-23 可知，最终获得一个由 562 个关键词节点、2593 条边构成的关键词共现网络。这个网络能够代表国外建筑工业化研究领域的前沿和趋势。根据 Gephi 绘制的度分布图（图 2-23）可知，网络中度为 0 的节点为 17 个，除了 17 个未与任何关键词节点共同出现在一篇文章中的关键词以外，通过模块化算法，其余 545 个关键词节点通过 2593 条边形成了 12 个社区。这些社区可以代表国外建筑工业化研究的热点主题，具体结果见表 2-24。对前 5 个网络内容进行详细分析的结果见图 2-24。

国外建筑工业化研究高频关键词共现网络参数　　　　　　表 2-23

参数名称	数值
数据阈值	TOP 50
节点	562
边	2593
平均度	9.146
网络数量	29

Results:

Average Degree:9.146

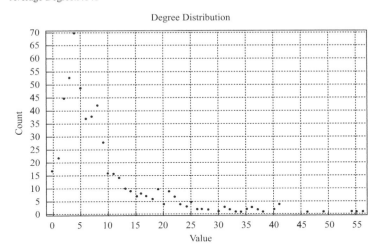

图 2-23　国外建筑工业化研究高频关键词共现网络度分布

基于模块化算法的国外建筑工业化研究 **10** 个高频关键词共现网络[注12]　　　表 2-24

序号	关键词数量	代表关键词	主题
1	94	systems、prefabrication、model、simulation、optimization（系统、预制、模型、仿真、优化）	预制模型

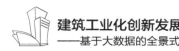

续表

序号	关键词数量	代表关键词	主题
2	85	durability, compressive strength, sustainability, fly ash, mechanical property（耐久性、抗压强度、可持续性、粉煤灰、机械性能）	力学性能
3	83	design, connection, wall, frame, joint（设计、连接、墙、框架、节点）	结构设计
4	75	precast concrete, prestressed concrete, construction, reinforcement, high strength concrete（预制混凝土、预应力混凝土、建造、钢筋、高强混凝土）	建筑材料
5	44	steel, concrete structure, composite beam, wood structure, CFRP（钢结构、混凝土结构、组合梁、木结构、CFRP）	建筑体系
6	40	testing, double tee, seismic, temperature, finite element analysis（测试、双三通、地震、温度、有限元分析）	性能检测
7	34	strength, reinforced concrete, composite, panel, deck（强度、钢筋混凝土、复合材料、面板、甲板）	强度性能
8	33	slab, accelerated bridge construction, bridge deck, cyclic loading, energy dissipation（平板、加速桥梁施工、桥面、循环加载、能量耗散）	桥梁建设
9	18	bond strength, technology, BIM, off site construction, heat curing（粘合强度、技术、BIM、非现场施工、热固化）	技术
10	17	seismic behavior, beam-column connection, prefabricated steel structure, moment connection（抗震性能、梁柱连接、预制钢结构、矩形连接）	节点性能

通过以上分析，可以发现，国外建筑工业化热门的 5 个主题包括：①预制模型。研究讨论了基于模型的预制系统模拟和优化；②力学性能。研究了建筑材料的耐久性、抗压性等机械性能，以及可持续性；③结构设计。对建筑的框架、墙体、节点等结构的设计进行了充分的讨论；④建筑材料。主要分析了混凝土为基础的预制材料的成本、施工及性能等；⑤建筑体系。分析了混凝土结构、木结构及其他新型建筑体系的性能，包括建筑构件；⑥性能检测。以实验的方式通过温度等环境改变进行建筑材料及构件的性能检测；⑦强度性能。强度作为建筑构件和结构的重要性能被广泛研究，对各种建筑构件的强度性能进行了充分的研究；⑧桥梁建设。桥梁作为基础设施代表被广泛实践；⑨技术。基于信息技术，建筑工业化在管理、施工等方面进行了技术创新与改进；⑩节点性能。作为重要的连接构件，节点的性能对整个结构的稳定性有重要影响。

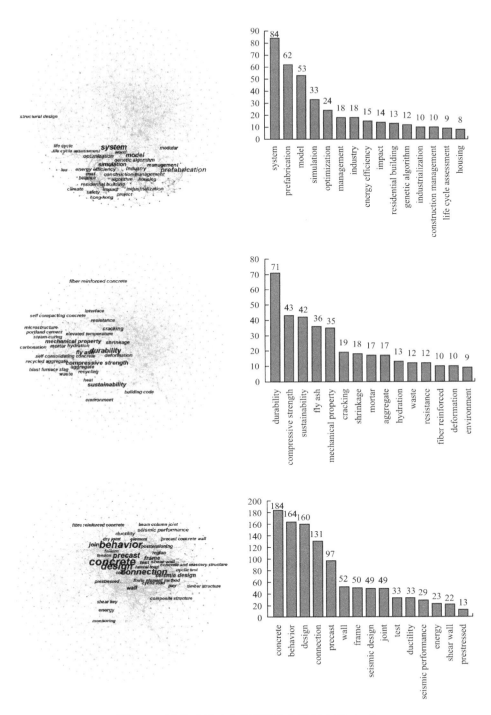

图 2-24　国外建筑工业化研究 5 个热门主题（一）

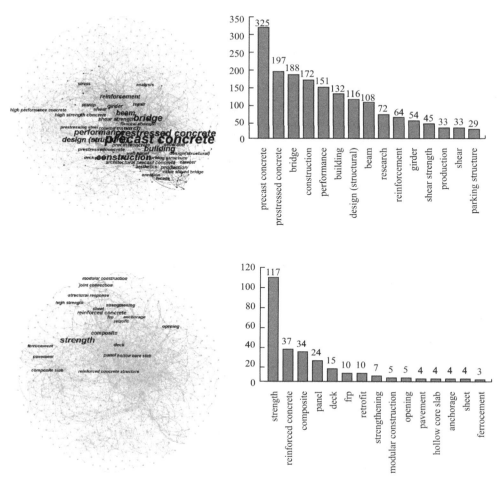

图 2-24 国外建筑工业化研究 5 个热门主题（二）

2. 国外建筑工业化研究趋势分析

为了分析国外建筑工业化研究的发展趋势，进行时间演化分析。根据前文年度发文量统计结果可知，1970～1990 年期间发文量较少，且每 5 年的平均发文量波动较小，说明该阶段建筑工业化发展较为缓慢。本书主要研究国外建筑工业化的热点及发展趋势，因此重点关注 1991 年以后的建筑工业化研究发展。将 1991～2017 年按照时间划分为 1991～1995、1996～2000、2001～2005、2006～2010、2011～2015、2016～2017 的 6 个阶段。通过可视化软件分析，得到 6 个阶段的可视化知识图谱，见图 2-25，以及具体的网络特征参数，见表 2-25。

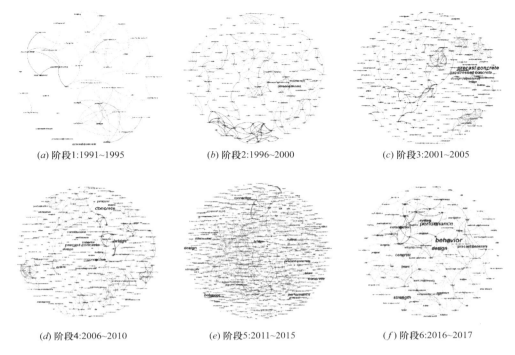

(a) 阶段1:1991~1995 (b) 阶段2:1996~2000 (c) 阶段3:2001~2005

(d) 阶段4:2006~2010 (e) 阶段5:2011~2015 (f) 阶段6:2016~2017

图 2-25 1991~2017 年国外建筑工业化研究关键词共现网络动态变化

国外建筑工业化研究关键词共现网络的参数变化 表 **2-25**

时间	发文量	节点数	边	网络数量
1991~1995	90	41	82	11
1996~2000	246	159	318	24
2001~2005	319	242	484	42
2006~2010	395	303	606	48
2011~2015	680	660	1320	89
2016~2017	431	107	288	11

由图 2-25 的关键词共现网络的动态变化情况，以及表 2-25 的参数变化情况可知，从网络整体属性来看，随着时间段变化，关键词节点数量从阶段 1 至阶段5 逐渐增加，从阶段 1 的 41 个节点增加到阶段 5 的 660 个节点（2016~2017 阶段为 2 年周期）。同时，从阶段 1 至阶段 5 的边数量也增加了，由最初的 82 个边增加到 1320 个边。根据模块化算法划分出的主题群的数量从 11 个增加到 89 个，由简单网络演化至大型复杂网络，说明研究内容越来越丰富。阶段 6 仅包括 2016~2017 两年，但其发文量多于阶段 1~阶段 4，而其关键词节点数量却少于阶段 1~阶段 4，说明近年来建筑工业化的研究更加集中，因此，阶段 6 的研究对整个建

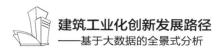

筑工业化未来的研究趋势有很好的指导作用，需要重点分析。

在此基础上，通过对 1991～2017 年的 6 个时期主要研究内容的变化分析，研究各个时期的热点及其动态变化，见图 2-26。将各阶段出现频次最高的 20 个关键词进行排序，将出现在不同阶段的同一关键词相连，看排名的变化情况，排名上升表示研究热度相对增加，排名下降表示研究热度相对减少，否则表明研究热度不变。

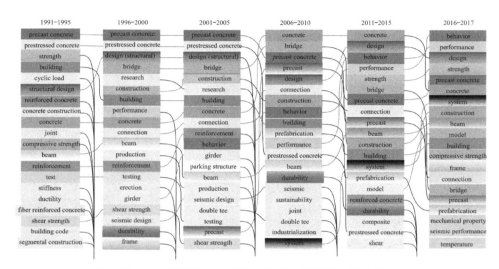

图 2-26　国外建筑工业化研究各阶段主要研究内容动态变化

具体从研究内容的动态变化来看，研究内容的热度变化在时间上的动态性较为明显，且变化较大。早期，国外建筑工业化主要关注建筑材料及构件的强度等性能（1991～1995），第二个阶段开始关注除了建筑以外的基础设施的工业化、预制化水平，其结构和施工方法逐渐受到关注（1996～2000）。同时，对于建筑节点及整体结构的抗震性能的研究引起学者的广泛关注（1996～2000、2001～2005、2006～2010），并从早期的预制混凝土研究逐渐开展预制结构的研究（2001～2005、2006～2010、2011～2015、2016～2017）。面对建筑业带来的严峻的环境问题，可持续性相关研究也得到了重视（2006～2010）。伴随着科技的发展，建筑工业化更加注重设计阶段的建筑产品、材料及构件的研究，从模型的角度对新建建筑的性能和表现进行研究（2011～2015、2016～2017）。通过各阶段研究内容的演化，可总结出国外建筑工业化的研究趋势逐渐向可持续、高性能的方向发展。

2.3.6　国外建筑工业化研究总结

通过对国外建筑工业化研究现状的分析可以发现，从国家、机构和作者发文量方面，美国在建筑工业化研究方面做出了突出贡献。

根据机构合作网络分析，机构合作可以是校际合作或校企合作。

通过对作者合作网络分析发现，作者间的合作形式除了校际合作或校企合作之外，还包括企业内部合作和校内协作等组织内部合作方式。

通过关键词共现网络的特点及其动态变化情况，本书确定了国外建筑工业化研究的七大主题，即建筑产品、建筑材料、系统与构件、性能、技术创新、建造过程、建造方法，如图 2-27 所示。

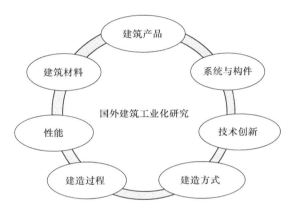

图 2-27　国外建筑工业化研究类别框架

（1）建筑产品的研究，主要集中在对桥梁等基础设施和住宅、商业建筑等房屋建筑的研究。面对严峻的环境问题，绿色建筑、绿色改造等新型建筑逐渐引起学者关注。

（2）建筑材料，讨论了结构材料、装饰材料和一些其他特殊材料。出于成本等因素考虑，目前装配式建筑还是以混凝土为主要生产材料，未来研究基于节能减排等理念发展绿色材料。国外已经尝试了多种复合材料，虽然成本较高，但已经被一些利益相关者接受。这些材料不但能够提高建筑的复合性能，也使建筑在耐久性方面有很好的表现。

（3）系统与构件。从结构上看，建筑物不论是以钢筋混凝土（RC）结构还是预制混凝土（PC）结构建造，都可以看作是由各种元素组成的产品。因此，提升构件的性能不但能够增强构件本身的耐久性和稳定性，也能够提升建筑物整体的安全性和稳定性。尤其是预制建筑/模块建筑等节点构件的性能对整个建筑的抗震性有重要影响。

（4）性能主题研究了材料、构件和建筑物的耐久性、强度及抗震性等其他力学性能。未来研究更加注重材料的复合性能，提升建筑的综合性能。

（5）在技术创新研究方面，主要研究了预制技术。此外，更加关注建筑信息模型（BIM）等信息化技术。目前，建筑行业已经开展了 3D 打印技术的开发和应用，借助于信息技术、可视化等现代化技术，实现管理智能化。

（6）关于建造过程的研究认为，对建筑在设计、施工、运维等全过程的管理不但有助于提升建筑工程活动的经济效益，更加有助于提供安全、高质量的建筑产品。因此，应在加强各个阶段管理活动的基础上，结合工程总承包模式（EPC），逐渐实现全产业链的全过程管理。

（7）建造方式的研究。世界各地的政府都鼓励智能和预制施工方法来提供可持续和健康的建筑项目。预制是建筑工业化发展的第一个阶段，未来将会开发更多的建造方式，以实现全面的建筑工业化。

参考文献

[1] 赵蓉英，王静. 社会网络分析（SNA）研究热点与前沿的可视化分析 [J]. 图书情报知识，2011（1）：88-94.

[2] 钟伟金，李佳. 共词分析法研究（一）——共词分析的过程与方式 [J]. 情报杂志，2008（5）：70-72.

[3] 廖胜姣，肖仙桃. 基于文献计量的共词分析研究进展 [J]. 情报科学，2008（6）：855-859.

[4] 刘军. 社会网络分析导论. 北京：社会科学文献出版社，2004，45-56.

[5] Estrada E.. Virtual Identification of Essential Proteins Within the Protein Interaction Network of Yeast [J]. Proteomics，2006（6）：35-40.

[6] Gomez D.，Gonzalez-Aranguena E.，Manuel C.. Centrality and Power in Social Network：A Game Theoretic Approach [J]. Mathematical Social Sciences，2003，46（1）：27-54.

[7] 罗家德. 社会网络分析讲义. 北京：社会科学文献出版社，2005，20-28.

[8] Newman M. E. J.. The Structure and Function of Complex Networks [J]. SIAM Review，2003，45（2）：167-256.

[9] Newman M. E. J.. Networks：An Introduction [M]. OUP Oxford，2010.

[10] 张雯. 项目管理学科演进与前沿可视化分析 [D]. 北京：中国科学院大学（工程管理与信息技术学院），2015.

[11] Freeman L. C.. A Set of Measures of Centrality Based Upon Betweenness [J]. Sociometry，1977（40）：35-41.

[12] Small H.. Co-citation in the Scientific Literature：A New Measure of the Relationship Between Two Documents. Journal of the American Society for Information Science，1973，24（4）：265-269.

[13] Su H. N.，Lee P. C.. Mapping Knowledge Structure by Keyword Co-occurrence：

A First Look at Journal Papers in Technology Foresight. Scientometrics，2010，85（1）：65-79.

[14] Callon M.，Courtiai J. P.，Turner W. A.，et al. From Translations to Problematic Networks：An Introduction to Co-word Analysis. Social Science Information，1983，22（2）：191-235.

[15] 陈悦，陈超美，刘则渊，等. CiteSpace知识图谱的方法论功能［J］. 科学学研究，2015，33（2）：242-253.

[16] 万立军，罗廷. 基于知识图谱的我国政府信息公开研究热点透析［J］. 图书情报工作，2015，59（S2）：122-127.

注释

注1：模块化算法是较为高级和复杂的网络分析方法，它通过计算节点之间的联系紧密程度将网络划分为若干不同的社区（communities）。每个社区内部的节点之间的联系会较为紧密，而不同社区之间的节点联系会较为稀疏。

注2：节点是指分析的对象。在机构合作网络中，每一个节点代表一个机构。

注3：边是指任意两个节点之间的连线，边的粗细代表两个节点之间的合作或者共现程度，边越粗表示两个节点之间的合作或者共现程度越高，联系越紧密。

注4：平均度是指所有点的度的总和/节点数，表示平均与每个节点相连的边的数量。

注5：网络中各个节点度的散布情况就为度分布。度是指与节点相连的边的数量，与该节点相连的边越多，表示该节点与其他节点的联系越多。

注6：每个网络中的机构根据发布的文章数量排序前5名，百分比表示该合作网络中包含的机构数量占全部机构数量的比例，例如第一个合作网络机构数量是17，则占比是17/498＝0.0341。

注7：每个网络中的作者根据发布的文章数量排序前5名，百分比表示该合作网络中包含的作者数量占全部作者数量的比例，例如第一个合作网络作者数量是38，则占比是38/748＝0.0508。

注8：每个网络例举5个代表关键词。

注9：每个网络中的国家根据发布的文章数量排序，百分比表示该合作网络中包含的国家数量占全部国家数量的比例，例如第一个合作机构数量是14，则占比是14/62＝0.2258。

注10：各网络中机构按照发文量排序前5名，百分比表示该合作网络中包含的机构数量占全部机构数量的比例，例如第一个合作机构数量是37，则占比是37/546＝0.0678。

注11：每个网络中的作者根据发布的文章数量排序前5名，百分比表示该合作网络中包含的作者数量占全部作者数量的比例，例如第一个合作网络作者数量是67，则占比是67/1034＝0.0648。

注12：每个网络例举5个代表关键词。

第3章

建筑工业化政策创新路径

3.1 建筑工业化政策创新研究概要

3.1.1 背景

近几年，建筑工业化在我国建筑领域成为研究热点。本研究将以政府颁布的政策为研究对象，了解我国建筑工业化相关政策的发展与变化，为建筑工业化的研究提供新的视角，以期推动建筑工业化在我国的发展。

3.1.2 建筑工业化政策定义

建筑工业化政策是政府为了实现建筑业转型升级的发展目标，对建筑工业化的重要方面及环节采取的一系列有计划的措施和行动。其主要目标是保证建筑工业化长期、有序地发展，实现机械化程度高、节能低碳、绿色环保、质量可靠、工期优化的建筑业转型发展。本研究所分析的建筑工业化政策为"由权威部门发布，服务范围广，对当地建筑工业化的未来发展具有长期的指导意义"的政策。

3.1.3 建筑工业化政策筛选方法

依据上述定义，本研究从三种类型的数据库获取政策文件：

（1）国家政府网站。国家政府网站是国家部门的工作人员与外界进行交流的门户之一，国家政府部门通过政府官网公布政府部门的最新动态、行业发展情况、新的政策措施等，其影响力具有大且覆盖范围广的特点，对外发布政策的出处大都来自国家政府网站。本研究选取的政府网站有中央人民政府门户网站（http://www.gov.cn/）、中华人民共和国住房城乡建设部（http://www.mohurd.gov.cn/）、中华人民共和国国家发展和改革委员会（http://www.ndrc.gov.cn/）。

（2）北大法宝法律数据库（http://www.pkulaw.cn/）。北大法宝法律数据库是由北京大学法制信息中心与北大英华科技有限公司联合推出的智能型法律信息一站式检索平台，收录自 1949 年至今的法律法规。其涵盖法律信息的各种类型、内容丰富、全面，已成为法律信息服务领导品牌，是法律工作者的必备工具。

（3）中国知网数据库（http://www.cnki.net/）。中国知网是国家知识基础设施（National Knowledge Infrastructure，NKI）的概念，由世界银行于 1998 年提出。CNKI 工程是以实现全社会知识资源传播共享与增值利用为目标的信息化建设项目，由清华大学、清华同方发起于 1999 年 6 月。其信息内容收集丰富，检索方便迅速。

在确定政策数据库后，对政策文件进行收集，并对收集到的政策进行筛选，主要根据政策文件的内容进行筛选。政策文件的处理过程如下：

（1）在数据库中收集政策采取网站检索与人工逐条政策筛选相结合的方式。

① 网站检索的检索词条为"建筑工业化""工业化建筑""住宅产业化"和"装配式建筑"。人工逐条筛选是先通过政府网站进行标题筛选，标题不确定的再根据内容筛选。

② 北大法宝法律数据库和中国知网数据库的政策收集通过关键词检索。网站检索的检索词条为"建筑工业化""工业化建筑""住宅产业化"和"装配式建筑"，发布政策部门为国家层面的政府机构。

（2）对收集的政策进行进一步的人工筛选，筛选原则如下：

① 内容相关。政策的内容与建筑工业化密切相关；

② 适用范围广。政策应具有广泛的指导意义，服务对象不局限于个别活动或群体；

③ 目的明确。政策目的是促进建筑工业化良好发展；

④ 前瞻性。政策应着眼于当地建筑工业化的未来发展；

⑤ 稳定性。政策具有较大的稳定性，能长期指导建筑工业化的发展，比如1999 年发改委、科技部联合发布的《当前优先发展的高技术产业化重点领域指南》（计高技 ［1999］827 号）中提出在大板装配式建筑中应用新型防水建筑材料，但是其政策的实施只是针对当时的建筑行业的发展要求，没有对建筑工业化的发展形成长期的指导作用，故对此类政策进行剔除。为了防止在政策筛选过程中出现遗漏、剔除错误的情况，由两人按照以上原则进行政策的进一步筛选，对筛选结果进行核对。

设定政策颁布期间截至 2017 年 12 月 31 日，经过筛选，最终选定了 97 条国家层面政策和 573 条地方层面（由省、直辖市、自治区政府及行政主管部门颁布）的政策作为研究对象。

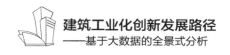

3.2 建筑工业化政策统计分析

1. 国家层面政策

对利用前述方法检索到的 97 条国家层面建筑工业化相关政策按年份统计，结果如图 3-1 所示，其中 1995 年之后的年份是连续的。

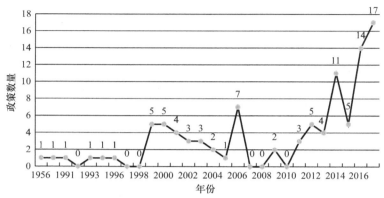

图 3-1 政策发布数量年度分布

1956 年到 1995 年之间，政策数量少，反映出这个阶段建筑工业化在我国的发展进程比较缓慢。分析政策发展曲线可以发现以下特征：政策高峰期出现在 1999 年、2006 年和 2012 年之后，基本与我国 5 年发展步调相一致，反映出政府对建筑工业化的重视程度。57.7％的政策是 2012 年之后发布的，说明 2012~2017 年是建筑工业化政策的高产年，我国的建筑工业化迎来了前所未有的全面发展。

政策发布部门和年份统计的结果如表 3-1 所示，其中很多机构是联合发布政策，这样每个机构就各统计 1 次。住房城乡建设部（包括原建设部）发布政策数量最多，为 63 条，占政策总数的 64.9％。国务院及国务院办公厅发布的政策数量分别为 15 条和 9 条，位于第二和第三。中共中央从 2014 年连续 4 年每年发布 1 条与建筑工业化相关的政策，全国人民代表大会发布 1 条与建筑工业化相关的政策文件，这些政策的发布充分表明国家大力推动建筑工业化在我国的实施。

通过表 3-1 可以看到，政策发布涉及的部门多，除住房城乡建设部（包括原建设部）、国务院、国务院办公厅、中共中央和全国人民代表大会外，涉及很多行业的主管部门，如工信部、质监局、发改委、科技部、财政部、交通部、商务部等多个部门，各行业部门积极落实推动建筑工业化发展的政策，为建筑工业化的实施和推广提供了良好的环境。

2. 地方层面政策

自十八大报告就生态文明建设提出明确要求和规划之后，受国务院和住房城

政府部门发布的政策数量

表3-1

部门	1956	1978	1991	1993	1995	1996	1999	2000	2001	2002	2003	2004	2005	2006	2009	2011	2012	2013	2014	2015	2016	2017	总数
住房城乡建设部（含原建设部）	1		1	1	1	1	5	3	4	3	2	2	1	8	2	1	3	2	5	2	4	13	63
国务院		1		1							1					1	1	1	2	1	5	1	15
国务院办公厅																	2	2	3		1	1	9
工信部																1			1	2	3	1	8
质监局													1	2								3	6
发改委													1					1	2	1			5
科技部							1											1	1			1	4
中共中央																1			1	1		1	4
财政部							1						1				1		1				4
交通部								2															2
国家计委							1																1
国家经贸委							1																1
税务总局							1																1
建材局							1																1
商务部													1										1
劳动和社会保障局													1										1
国务院国有资产监督管理委员会													1										1
中国房地产及住宅研究会住宅设施委员会														1									1
住宅厨房卫生间技术研究所														1									1
全国人民代表大会																			1				1
国家机关事务管理局办公室																					1		1
国家认监委																						1	1

乡建设部持续关注的带动，地方政府和相关部门的政策发布数量显著增加。2013年11月7日，全国政协主席俞正声在北京主持召开全国政协双周协商座谈会，围绕"建筑产业化"进行协商座谈，其后建筑工业化相关地方政策发布数量有所增加。2016年在《中共中央国务院关于进一步加强城市规划建设管理工作的若干意见》（中发〔2016〕6号）、《关于大力发展装配式建筑的指导意见》（国办发〔2016〕71号）相继发布之后，地方政府及相关部门积极响应，2017年第二季度地方政策的发布量达到顶峰（图3-2）。

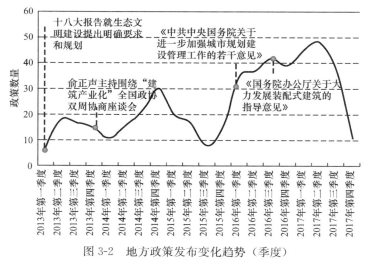

图3-2　地方政策发布变化趋势（季度）

地方层面政策发布具有明显的区域差异化特征，华东地区和华北地区占据了政策发布数量的半数以上（图3-3、表3-2），政策发布数量与区域建筑业发展水平直接相关。

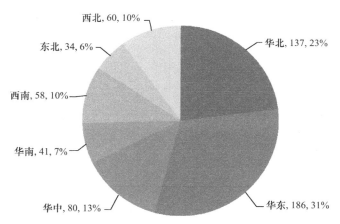

图3-3　地方政策发布数量的区域分布

地方政策发布数量统计　　　　　　　　　表 3-2

区域	地区	数量	区域	地区	数量
华北	北京	45	华南	广东	25
	河北	17		广西	10
	天津	35		海南	6
	山西	23	西南	四川	19
	内蒙古	17		贵州	15
华东	上海	52		重庆	14
	江苏	34		西藏	1
	浙江	33		云南	9
	山东	26	东北	吉林	15
	安徽	24		辽宁	10
	福建	17		黑龙江	9
华中	湖北	27	西北	甘肃	16
	湖南	29		陕西	15
	河南	13		宁夏	17
	江西	11		青海	8
				新疆	4

3.3　国家层面建筑工业化政策内容分析

3.3.1　政策阶段分析

1956 年国务院颁布了第一个建筑工业化政策《国务院关于加强和发展建筑工业的决定》，鼓励我国在发展落后的时期发展建筑工业化。1996 年建设部发布《住宅产业现代化试点工作大纲》，开启了我国建筑工业化的另一个发展阶段——住宅产业化现代化阶段。从 2012 年我国建筑工业化进入了新的发展阶段——装配式建筑，在绿色建筑中推行装配式建筑的建造模式，不断完善装配式建筑政策。我国中央政府及各部委层面的建筑工业化政策主要分为三个阶段：

1. 第一阶段：1956～1995 年，鼓励发展建筑工业化

对我国建筑工业化的发展起到很好的促进作用，但是缺乏有效的政策文件，建筑工业化在我国发展缓慢。

2. 第二阶段：1996～2012 年，建筑工业化发展进入住宅产业现代化阶段

加速实现住宅产业现代化，鼓励进行住宅产业现代化的试点工作。1999 年国务院转发建设部等八部委《关于推进住宅产业现代化提高住宅质量若干意见》，明确了推进住宅产业现代化的目标措施。同年，建设部推行国家康居示范工程，推进住宅产业现代化的实施。2006年建设部发布《国家住宅产业化基地试行办法》，完善住宅产业化基地的管理机制，增强住宅产业可持续发展能力。2012年以后积极推广适合住宅产业化的新型建筑体系，支持集设计、生产、施工于一体的工业化基地建设。这一阶段具有代表性的政策为国家康居示范工程政策和国家住宅产业化基地政策。

3. 第三阶段：2013年至今，建筑工业化进入装配式建筑阶段，且在我国的推广不断深化完善

国家政府及各部委积极响应并推进装配式建筑的落地实施，出台了一系列指导性政策、技术政策和配套政策，包括承包模式、工程造价及监管机制、信息化、技术体系创新等。中共中央、国务院发布《中共中央　国务院关于进一步加强城市规划建设管理工作的若干意见》，明确提出"力争用10年左右时间，使装配式建筑占新建建筑的比例达到30%。积极稳妥推广钢结构建筑。在具备条件的地方，倡导发展现代木结构建筑"，不断完善装配式建筑的管理机制。国务院出台《国务院办公厅关于大力发展装配式建筑的指导意见》，继续推进装配式建筑在我国的发展。住房城乡建设部颁布《"十三五"装配式建筑行动方案》《装配式建筑示范城市管理办法》《装配式建筑产业基地管理办法》，明确推进装配式建筑的实施目标，并在全国范围推广示范城市和示范基地的建设。

建筑工业化各个阶段的政策数量分布如图3-4所示，政策数量统计到2017年12月31日。阶段间的政策数量是递增关系，其中鼓励建筑工业化发展阶段的政策数量最低，只有5条政策，住宅产业现代化阶段的政策数量为41条，装配式建筑阶段的政策数量为51条，且数量还在持续增长。建筑工业化不同发展阶段的年产政策数量分别为0.1条/年、2.4条/年、10.2条/年。政策的出台不断完善

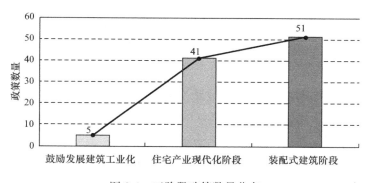

图3-4　三阶段政策数量分布

建筑工业化的发展环境，推动建筑工业化在我国的发展，装配式建筑在我国的实施得到前所未有的关注，将在我国得到快速发展。

3.3.2 政策窗口分析

在政策阶段划分的基础上，对政策进行了更加细致的研究，划分为九个政策窗口。

1. 1956～1995 年：鼓励发展建筑工业化，缺乏有效政策

国务院从宏观层面鼓励发展建筑工业化，但在较长时间内缺乏涉及行业层面具体有效的实施措施。1991 年原建设部发布《装配式大板居住建筑设计和施工规程》实施装配式大板居住建筑。1993 年国务院办公厅发布《关于进一步加强工程质量和施工安全管理工作报告的通知》，推进技术进步，提高队伍素质，加快建筑工业化进程，促进专业化分工协作，不断提高工程质量和安全生产水平。1995 年原建设部发布《建筑工业化发展纲要》，加快推进建筑工业化的发展（表 3-3）。

鼓励发展建筑工业化阶段政策 表 3-3

时间	发文机构	发文号	政策名称	政策要点
1956.5.8	国务院	—	国务院关于加强和发展建筑工业的决定	为了从根本上改善我国的建筑工业，必须积极地有步骤地实行工厂化、机械化施工，逐步完成对建筑工业的技术改造，逐步完成向建筑工业化的过渡。采用工业化的建筑方法，可以加快建设速度，降低工程造价，保证工程质量和安全施工。为实现建筑工业化，从目标、组织专业化、企业管理水平、建筑材料等方面进行规划
1978.10.19	国务院批转国家建委	国发[1978] 222 号	关于加快城市住宅建设的报告	大规模的住宅建设必须走建筑工业化的道路。混凝土预制构件和门窗加工等，要尽可能实行工厂化生产。要大力发展各种新型建筑材料，积极实行墙体改革
1991.10.1	建设部	JGJ 1-91	装配式大板居住建筑设计和施工规程	技术性政策

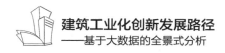

建筑工业化创新发展路径
——基于大数据的全景式分析

续表

时间	发文机构	发文号	政策名称	政策要点
1993.6.9	国务院办公厅	国办发[1993]33号	国务院办公厅转发建设部关于进一步加强工程质量和施工安全管理工作报告的通知	搞好工程质量和施工安全管理工作,很重要的一条是要依靠科技进步。要加强工程质量战略和实施规划的研究,针对目前影响工程质量的技术问题和薄弱环节,组织攻关,要有所突破、有所前进。要加快建筑工业化进程,在加强产业自身建设的同时,积极向相关产业延伸,促进专业化分工协作,不断提高工程质量和安全生产水平。要扶持一批骨干建筑施工企业推行国际标准,改进操作工艺,尽快与国际建筑市场对接,参与国际竞争
1995.4.6	建设部	建建字[1995]188号	建筑工业化发展纲要	为优化产业结构,加快建设速度,改善劳动条件,大幅度提高劳动生产率,使建筑业尽快走上劳动型道路,确立建筑工业的基本内容、目标和实施方案,为各省、市、区制定建筑工业化规划提供依据和参考

2. 1996~2012年:建筑工业化进入住宅产业现代化阶段

1) 国务院及国家各部委推行住宅产业现代化的指导性政策

推行住宅产业现代化,即用现代科学技术加速改造传统的住宅产业,以科技进步为核心,加速科技成果转化为生产力,全面提高住宅建设质量,改善住宅的使用功能和居住环境,大幅度提高住宅建设劳动生产率。原建设部出台政策组织实施住宅产业现代化试点工作,国务院转发八部门颁发实施意见,促进住宅建设的转型升级,推进住宅产业现代化。2002年原建设部明确住宅产业化基地,2006年原建设部进一步发布《国家住宅产业化基地试行办法》,明确基地的主要任务、应具备的条件及申报条件。住宅产业现代化阶段是:在住宅中推广信息技术;积极发展部品,形成部品的系列化和通用化;建立住宅建筑体系,实现住宅各部分的优化集成和整合;实施土建装修一体化(表3-4)。

推行住宅产业现代化的指导性政策 表3-4

时间	发文机构	发文号	政策名称	政策内容
1996.4.6	建设部	建房[1996]第181号	住宅产业现代化试点工作大纲	组织实施住宅产业现代化试点工作,通过试点,逐步实现住宅建设向效益、质量型转轨,提高居住环境质量,提高工程质量,改善住宅使用功能,探索一条符合我国国情的住宅产业现代化之路

续表

时间	发文机构	发文号	政策名称	政策内容
1999.12.13	建设部	建住房 [1999] 295 号	关于在住宅建设中淘汰落后产品的通知	加快推进住宅产业现代化,提高住宅质量,强制淘汰不符合资源节约和环境保护要求与质量低劣的材料和部品,积极采用符合国家标准的资源节约型优质材料和部品
1999.4.14	建设部	[99] 建设 技字第 23 号	全国住宅小区智能化技术示范工程工作大纲	提高住宅建设的科技水平,以示范工程为引导在全国范围内推广
1999.7.1	建设部	建住房 [1999] 第 114 号	商品住宅性能认定管理办法	实行住宅商品化,推行商品住宅认定制度,制定组织管理、认定主要内容、认定程序等内容
1999.8.20	建设部、国家计委、国家经贸委、财政部科技部、税务总局、质量技术监督局、建材局	国办发 [1999] 第 72 号	关于推进住宅产业现代化提高住宅质量的若干意见	在 2005 年解决质量通病问题,初步满足适用性要求,初步建立生产体系,能耗降低 50%,科技贡献率达到 30%,2010 年质量、工程满足居住的长期需求,环境有较大改善,住宅建筑体系初步形成,住宅部品通用化,生产、供应社会化,能耗在 2005 年基础上降低 30%,科技贡献率提高到 35%
2000.6.15	交通部	交公路发 [2000] 304 号	单孔钢筋混凝土箱涵	技术性政策
2000.6.15	交通部	交公路发 [2000] 304 号	装配式钢筋混凝土斜板桥上、下部构造	技术性政策
2000.10.30	建设部、财政部	建设 [2000] 246 号	勘察设计行业专项事业经费管理办法	勘察设计行业的基础工程技术研究是指为了提高我国工程建设的技术水平,促进技术进步,对行业中的共性、关键性、前沿性工程技术进行的专题研究。主要包括工程建设中涉及公共利益的环保、节能降耗、地基基础、结构安全、消防、爆破、住宅产业化等方面的工程技术研究,以及行业的技术创新和科技成果在工程建设中的转化和推广应用等
2001.12.19	建设部	建科 [2001] 254 号	钢结构住宅建筑产业化技术导则	技术性政策

续表

时间	发文机构	发文号	政策名称	政策内容
2001.4.5	建设部	建科 [2001] 72 号	建设部关于加强技术创新工作的指导意见	要对住宅建设中的通用技术和高新技术及产品进行系统整合和集成研究,提高技术产品的成套率,并通过示范工程和产业化基地建设,加速住宅产业现代化进程,营造安全、优美、舒适的人居环境。要重点开发新型住宅结构体系与之相配套的住宅节能体系及新型建筑材料,开发一批具有自主知识产权的住宅关键技术和配套设备。到 2005 年,要使我国住宅建设的劳动生产率由现在的年人均竣工 20 多平方米提高到 30 平方米以上。到 2010 年,使我国的住宅产业技术达到中等发达国家水平
2001.5.10	建设部	建综 [2001] 96 号	建设事业"十五"计划纲要	继续推进住宅产业现代化,完善住宅产业化的管理制度
2001.5.29	建设部	建住房综函 [2001] 018 号	中国住宅与房地产信息网建设方案(试行)	建立房地产开发项目和住宅产业现代化的动态管理系统,并通过网络对房地产项目经营与管理的有关数据进行监测;在全行业广泛推广应用开发项目管理、交易市场管理、权属登记管理、物业管理、住房制度改革、住房公积金管理、住宅产业现代化管理等规范化管理软件
2002.7.1	建设部	—	国家住宅产业化基地实施大纲	建设部决定建立住宅产业化基地,制定实施大纲,确立建立住宅产业化基地的指导思想和目标,基地的类型及要求,基地的申请条件及管理办法
2002.7.18	建设部	建住房 [2002] 190 号	商品住宅装修一次到位实施细则	加强住宅装修的管理,推行一次装修模式,规范住宅装修市场行为,提高住宅装修集约化水平,加快推进住宅产业化进程
2003.12.1	建设部	CJ/T 174—2003	居住区智能化系统配置与技术要求	技术性政策
2003.3.21	建设部住宅产业化促进中心	建住中心 [2003] 16 号	关于开展住宅性能认定试点工作的通知	住宅性能认定试点工作纲要,确定试点工作的目的及任务,将试点工作分为三个阶段:准备阶段、实施阶段和总结试验阶段

续表

时间	发文机构	发文号	政策名称	政策内容
2003.8.20	国务院	国发〔2003〕18 号	国务院关于促进房地产市场持续健康发展的通知	制定住房建设规划和住宅产业政策。各地要编制并及时修订完善房地产业和住房建设发展中长期规划，加强对房地产业发展的指导。要充分考虑城镇化进程所产生的住房需求，高度重视小城镇住房建设问题。制定和完善住宅产业的经济、技术政策，健全推进机制，鼓励企业研发和推广先进适用的建筑成套技术、产品和材料，促进住宅产业现代化。完善住宅性能认定和住宅部品认证、淘汰的制度。坚持高起点规划、高水平设计，注重住宅小区的生态环境建设和住宅内部功能设计
2004.4.22	建设部	建科〔2004〕72 号	建设事业技术政策纲要	推进住宅产业现代化，推广信息技术、住宅部品、建立住宅建筑体系、实现装修一体化等方面着手，提高住宅和居住环境质量
2005.7.12	建设部、国家发展和改革委员会、财政部等	建质〔2005〕119 号	关于加快建筑业改革与发展的若干意见	建筑业技术进步要以标准化、工业化和信息化为基础，以科学组织管理为手段，以建设项目为载体，不断提高建筑业技术水平、管理水平和生产能力。要大力发展节能节地节水节材建筑，严格采用环保和节能建筑材料，禁止使用淘汰产品，大力发展建筑标准件，加大建筑品部件工业化生产比重，提高施工机械化生产水平，走新型工业化道路，促进建筑业经济增长方式的根本性转变
2006.11.1	建设部、质监局	GB/T 50375—2006	建筑工程施工质量评价标准	技术性政策
2006.3.1	建设部、质监局	GB/T 50362—2005	住宅性能评定技术标准	技术性政策
2006.3.15	建设部	建综〔2006〕53 号	建设事业"十一五"规划纲要	合理引导住宅建设与消费的机制初步形成；加快推进住宅产业现代化，建立健全适应发展节能省地型住宅要求的住宅产业经济技术政策体系

续表

时间	发文机构	发文号	政策名称	政策内容
2006.6.14	建设部	建标〔2006〕139号	关于推动住宅部品认证工作的通知	推动住宅部品认证工作
2006.6.21	建设部	建住房〔2006〕150号	国家住宅产业化基地试行办法	建设住宅产业化基地，培育龙头企业，发展住宅产业化成套技术和建筑体系，明确产业化基地应具备的条件以及基地申报的程序
2006.8.21	建设部政策研究中心、中国房地产及住宅研究会住宅设施委员会、住宅厨房卫生间技术研究所	—	关于住宅厨卫标准化示范基地的管理办法（暂行）	确定住宅厨卫标准化示范基地目的和任务，实现住宅厨卫的标准化和产业化
2009.3.1	住房城乡建设部	JGT 182—2008	住宅轻钢装配式构件	技术性政策
2011.11.08	工信部	2011年	建材工业"十二五"发展规划	建立建筑部品基地建设，建设的工程目标：为建筑工业化和住宅产业化提供材料支撑，加快推进新型建筑材料工业向加工制品业方向发展
2011.12.30	国务院	国发〔2011〕47号	工业转型升级规划（2011～2015年)	建材工业。重点发展节能环保型建筑构件、工程预制件等建材产品，以及具有保温隔热、隔声、防水、防火、抗震等功能的新型建筑材料及制品。大力推广窑炉余热利用、水泥粉磨节电和浮法玻璃全氧燃烧等节能技术，加强工业粉尘、氮氧化物和大气汞的治理。按等量置换原则推广新型干法水泥生产工艺，到2015年基本淘汰落后水泥产能，新型干法水泥熟料比重超过90%。重点支持利用水泥窑协同处置城市生活垃圾、城市污泥和工业废弃物生产线建设；加大非金属矿关键技术研发应用，推进建筑卫生陶瓷产品减量化工程，开发建筑陶瓷干法生产技术及装备；建立与电力、煤炭、钢铁、化工等产业相衔接的循环经济生产体系，提高工业固体废弃物利用总量。推进企业兼并重组，到2015年前10家水泥企业、平板玻璃企业产能占全国总产能比重分别达到35%、75%以上

续表

时间	发文机构	发文号	政策名称	政策内容
2012.2.6	国务院	国发〔2012〕9号	质量发展纲要（2011-2020年）	工程质量技术创新能力明显增强。在建筑、交通基础设施、清洁能源和新能源等重要工程领域拥有一批核心技术，节能、环保、安全、信息技术含量显著增加。建筑工程节能效率和工业化建造比重不断提高。绿色建筑发展迅速，住宅性能改善明显
2012.11.2	住房城乡建设部	建房改〔2012〕131号	全国城镇住房发展规划（2011~2015年）	住宅产业化重点工程：（1）推进国家康居住宅示范工程，推广应用装配式工业化住宅建造技术，推广全装修住宅；（2）培育国家住宅产业化基地，培育一批产业关联度高、带动能力强的龙头企业和试点城市，推进住宅建筑工业化，促进技术集成创新
2012.4.27	财政部、住建部	财建〔2012〕167号	关于加快推动我国绿色建筑发展的实施意见	积极推动住宅产业化。积极推广适合住宅产业化的新型建筑体系，支持集设计、生产、施工于一体的工业化基地建设；加快建立建筑设计、施工、部品生产等环节的标准体系，实现住宅部品通用化，大力推广住宅全装修，推行新建住宅一次装修到位或菜单式装修，促进个性化装修和产业化装修相统一
2012.5.9	住房城乡建设部	建科〔2012〕72号	住房城乡建设部关于印发"十二五"建筑节能专项规划的通知	推动建筑工业化和住宅产业化。加快建立预制构件设计、生产、新型结构体系、装配化施工等方面的标准体系，推动结构件、部品、部件的标准化，丰富标准件的种类，提高通用性、可置换性。推广适合工业化生产的预制装配式混凝土、钢结构等建筑体系。加快发展建设工程的预制、装配技术，提高建筑工业化技术集成水平。支持整合设计、生产、施工全过程的工业化基地建设，选择条件具备的城市进行试点，加快市场推广应用

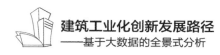

续表

时间	发文机构	发文号	政策名称	政策内容
2013.2.26	国务院办公厅	国办发17号	国务院办公厅关于继续做好房地产市场调控工作的通知	加快建立和完善引导房地产市场健康发展的长效机制。各有关部门要加强基础性工作，加快研究提出完善住房供应体系、健全房地产市场运行和监管机制的工作思路和政策框架，推进房地产税制改革，完善住房金融体系和住房用地供应机制，推进住宅产业化，促进房地产市场持续平稳健康发展
2016.10.27	国务院	国发〔2016〕61号	"十三五"控制温室气体排放工作方案	加强城乡低碳化建设和管理……推广绿色施工和住宅产业化建设模式。积极开展绿色生态城区和零碳排放建筑试点示范

2）国家康居示范工程

以国家示范工程作为推进住宅产业现代化的试点工作，吸取成功经验，加快推进国家住宅产业现代化。原建设部出台了一系列国家康居示范工程政策，从康居工程管理办法、技术实施和部品、产品认证等方面进行，住房城乡建设部推行康居产品认证，推进康居住宅的实施，提高住宅的建设质量，发展节约型住宅，推动我国住宅产业的发展（表3-5）。

国家康居示范工程政策 表3-5

时间	发文机构	发文号	政策名称	政策内容
1999.4.1	建设部	建住房〔1999〕第98号	国家康居示范工程实施大纲	以国家示范康居工程为载体，制定康居工程的目标和管理办法，推进住宅产业现代化为总体目标
2000.12.13	建设部住宅产业化促进中心	建住中心〔2000〕45号	国家康居示范工程建设技术要点	对康居示范工程的建设提出切实可行的实施方案
2000.12.7	建设部	建住宅〔2000〕274号	国家康居示范工程管理办法	开展康居示范工程的申请工作，进一步加强对康居示范工程的管理工作
2002.7.1	建设部住宅产业化促进中心	—	国家康居住宅示范工程选用部品与产品认定暂行办法	开展国家康居住宅示范工程选用部品与产品的技术认定工作，将依据统一的认定程序进行技术评审

续表

时间	发文机构	发文号	政策名称	政策内容
2004.5.1	建设部	—	国家康居示范工程建设技术要点（修改稿）	对之前的行动方案进行了补充，比如在示范工程的实施重点中加入"住宅设计应转向以全寿命周期为中心的精细化设计。"对住宅的设计、成套技术等进行补充完善
2009.3.13	住建部住宅产业化促进中心	建住中心[2009] 12 号	住房城乡建设部住宅产业化促进中心关于在国家康居住宅示范工程中推行康居产品认证的通知	继续推进住宅部品认证

3. 2013 年至今：建筑工业化进入装配式建筑阶段

1）推行装配式建筑

2006 年建设部在《进一步加强建筑业技术创新工作的意见》中明确提出发展整体装配式结构技术，而后住房城乡建设部分别在 2011 年发布《建筑业发展"十二五"规划》，2012 年发布《"十二五"建筑节能专项规划》和《"十二五"绿色建筑科技发展专项规划》，以装配式建筑推动建筑工业化的发展。

《绿色建筑行动方案》明确了建筑业推行建筑工业化，推广预制装配式建筑体系，加快发展预制和装配技术。2014 年国务院办公厅发布了《国务院办公厅关于加强城市地下管线建设管理的指导意见》推行建筑工业化，推广管道预构件产品，提高预制装配化率。2015 年工业和信息化部、住房城乡建设部联合发布《促进绿色建材生产和应用行动方案》，在绿色建材中推广装配式混凝土构件和钢结构、木结构建筑（表 3-6）。

推行装配式建筑政策　　　　　　　　　　　　　　表 3-6

时间	发文机构	发文号	政策名称	政策内容
2013.1.1	国务院办公厅转发发改委、住房城乡建设部	国办发[2013] 1 号	绿色建筑行动方案	推动建筑工业化。住房城乡建设等部门要加快建立促进建筑工业化的设计、施工、部品生产等环节的标准体系，推动结构件、部品、部件的标准化，丰富标准件的种类，提高通用性和可置换性。推广适合工业化生产的预制装配式混凝土、钢结构等建筑体系，加快发展建设工程的预制和装配技术，提高建筑工业化技术集成水平。支持集设计、生产、施工于一体的工业化基地建设，开展工业化建筑示范试点。积极推行住宅全装修，鼓励新建住宅一次装修到位或菜单式装修，促进个性化装修和产业化装修相统一

建筑工业化创新发展路径
——基于大数据的全景式分析

续表

时间	发文机构	发文号	政策名称	政策内容
2014.3.12	中共中央、国务院	中发〔2014〕4号	国家新型城镇化规划(2014-2020)	实施绿色建筑行动计划，完善绿色建筑标准及认证体系、扩大强制执行范围，加快既有建筑节能改造，大力发展绿色建材，强力推进建筑工业化
2014.6.3	国务院办公厅	国办发〔2014〕27号	国务院办公厅关于加强城市地下管线建设管理的指导意见	提高科技创新能力。加大城市地下管线科技研发和创新力度，鼓励在地下管线规划建设、运行维护及应急防灾等工作中，广泛应用精确测控、示踪标识、无损探测与修复、非开挖、物联网监测和隐患事故预警等先进技术。积极推广新工艺、新材料和新设备，推进新型建筑工业化，支持发展装配式建筑，推广应用管道预构件产品，提高预制装配化率
2014.7.1	住房城乡建设部	建市〔2014〕92号	住房城乡建设部关于推进建筑业发展和改革的若干意见	推动建筑产业现代化。统筹规划建筑产业现代化发展目标和路径。推动建筑产业现代化结构体系、建筑设计、部品构件配件生产、施工、主体装修集成等方面的关键技术研究与应用。制定完善有关设计、施工和验收标准，组织编制相应标准设计图集，指导建立标准化部品构件体系。建立适应建筑产业现代化发展的工程质量安全监管制度。鼓励各地制定建筑产业现代化发展规划以及财政、金融、税收、土地等方面激励政策，培育建筑产业现代化龙头企业，鼓励建设、勘察、设计、施工、构件生产和科研等单位建立产业联盟。进一步发挥政府投资项目的试点示范引导作用并适时扩大试点范围，积极稳妥推进建筑产业现代化
2014.9.1	住房城乡建设部	建市〔2014〕130号	工程质量治理两年行动方案	大力推动建筑产业现代化。一是加强政策引导，二是实施技术推动（概括）

2）推行建筑工业化实现生态环保

十八大报告要求建设生态文明，将生态文明放在突出位置，坚持节约资源和保护环境的基本国策，着力推进绿色发展、循环发展和低碳发展。在此政策窗口，通过在建筑业实施建筑工业化的方式实现生态环保。中共中央、国务院及其他行业部门发布了一系列政策，其中有3个比较重要的政策：《绿色建筑行动方案》推行建筑工业化，推动构件、部品、部件的标准化，提高通用性和可置换性，提高资源的利用效率；《"十二五"绿色建筑和绿色生态城区发展规

62

划》提出要加快形成预制装配式混凝土、钢结构建筑体系，加快发展绿色建筑产业，建设资源节约型和环境友好型城镇；《中共中央　国务院关于加快推进生态文明建设的意见》鼓励建筑工业化的建造模式，推进节能减排。在建筑工业化模式下，减少建筑业产生的资源浪费，促进建筑业向节能环保方向发展（表3-7）。

推行建筑工业化实现生态环保政策　　　　　　表3-7

时间	发文机构	发文号	政策名称	政策内容
2013.1.1	国务院办公厅转发发改委、住房城乡建设部	国办发〔2013〕1号	绿色建筑行动方案	研究完善财政支持政策，继续支持绿色建筑及绿色生态城区建设、既有建筑节能改造、供热系统节能改造、可再生能源建筑应用等，研究制定支持绿色建材发展、建筑垃圾资源化利用、建筑工业化、基础能力建设等工作的政策措施
2013.4.3	住房城乡建设部	建科〔2013〕53号	"十二五"绿色建筑和绿色生态城区发展规划	大力推进住宅产业化，积极推广适合工业化生产的新型建筑体系，加快形成预制装配式混凝土、钢结构等工业化建筑体系，尽快完成住宅建筑与部品模数协调标准的编制，促进工业化和标准化体系的形成，实现住宅部品通用化，加快建设集设计、生产、施工于一体的工业化基地建设。大力推广住宅全装修，推行新建住宅一次装修到位或菜单式装修，促进个性化装修和产业化装修相统一，对绿色建筑的住宅项目进行住宅性能评定
2013.8.1	国务院	国发〔2013〕30号	国务院关于加快发展节能环保产业的意见	大力发展绿色建材，推广应用散装水泥、预拌混凝土、预拌砂浆，推动建筑工业化
2014.2.19	科技部、工信部	国科发计〔2014〕45号	2014-2015年节能减排科技专项行动方案	重点突破新型节能保温一体化结构体系、围护结构与通风遮阳建筑一体化产品、高强钢筋性能优化及生产技术研究、高效新型玻璃及门窗幕墙产业化技术、新型建筑供暖及空调设备系统、新型冷热量输配系统、可再生能源与建筑一体化利用技术、公共机构等建筑用能管理与节能优化技术、既有建筑节能和绿色化改造技术、建筑工业化设计生产与施工技术、建筑垃圾资源化循环利用技术
2014.3.21	发改委	发改气候〔2014〕489号	国家发展改革委关于开展低碳社区试点工作的通知	推广节能建筑和绿色建筑。……在有条件的地区推广建筑工业化建设模式

续表

时间	发文机构	发文号	政策名称	政策内容
2014.5.15	国务院办公厅	国办发〔2014〕23号	2014-2015年节能减排低碳发展行动方案	推进建筑节能降碳。深入开展绿色建筑行动，政府投资的公益性建筑、大型公共建筑以及各直辖市、计划单列市及省会城市的保障性住房全面执行绿色建筑标准。到2015年，城镇新建建筑绿色建筑标准执行率达到20%，新增绿色建筑3亿平方米，完成北方采暖地区既有居住建筑供热计量及节能改造3亿平方米。以住宅为重点，以建筑工业化为核心，加大对建筑部品生产的扶持力度，推进建筑产业现代化
2015.2.12	发改委	发改办气候〔2015〕362号	低碳社区试点建设指南	绿色建筑采用工业化方式建设的建筑面积占社区新建建筑面积的比例大于2%
2015.4.25	中共中央、国务院	中发〔2015〕12号	中共中央国务院关于加快推进生态文明建设的意见	推进节能减排。发挥节能与减排的协同促进作用，全面推动重点领域节能减排。开展重点用能单位节能低碳行动，实施重点产业能效提升计划。严格执行建筑节能标准，加快推进既有建筑节能和供热计量改造，从标准、设计、建设等方面大力推广可再生能源在建筑上的应用，鼓励建筑工业化等建设模式。优先发展公共交通，优化运输方式，推广节能与新能源交通运输装备，发展甩挂运输。鼓励使用高效节能农业生产设备。开展节约型公共机构示范创建活动。强化结构、工程、管理减排，继续削减主要污染物排放总量
2015.8.31	工信部、住房城乡建设部	工信部联原〔2015〕309号	促进绿色建材生产和应用行动方案	大力发展装配式混凝土建筑及构配件。积极推广成熟的预制装配式混凝土结构体系，优化完善现有预制框架、剪力墙、框架-剪力墙结构等装配式混凝土结构体系。完善混凝土预制构配件的通用体系，推进叠合楼板、内外墙板、楼梯阳台、厨卫装饰等工厂化生产，引导构配件产业系列化开发、规模化生产、配套化供应。发展钢结构建筑和金属建材。发展木结构建筑。大力发展生物质建材。鼓励在竹资源丰富地区，发展竹制建材和竹结构建筑
2016.2.4	工信部、住房城乡建设部	发改气候〔2016〕245号	城市适应气候变化行动方案	加快装配式建筑的产业化推广。推广钢结构、预制装配式混凝土结构及混合结构，在地震多发地区积极发展钢结构和木结构建筑。鼓励大型公共建筑采用钢结构，大跨度工业厂房全面采用钢结构，政府投资的学校、幼托、敬老院、园林景观等新建低层公共建筑采用木结构

续表

时间	发文机构	发文号	政策名称	政策内容
2016.10.27	国务院	国发〔2016〕61号	绿色建材评价技术导则	加强城乡低碳化建设和管理。在城乡规划中落实低碳理念和要求，优化城市功能和空间布局，科学划定城市开发边界，探索集约、智能、绿色、低碳的新型城镇化模式，开展城市碳排放精细化管理，鼓励编制城市低碳发展规划。提高基础设施和建筑质量，防止大拆大建。推进既有建筑节能改造，强化新建建筑节能，推广绿色建筑，到2020年城镇绿色建筑占新建建筑比重达到50%。强化宾馆、办公楼、商场等商业和公共建筑低碳化运营管理。在农村地区推动建筑节能，引导生活用能方式向清洁低碳转变，建设绿色低碳村镇。因地制宜推广余热利用、高效热泵、可再生能源、分布式能源、绿色建材、绿色照明、屋顶墙体绿化等低碳技术。推广绿色施工和住宅产业化建设模式。积极开展绿色生态城区和零碳排放建筑试点示范
2016.12.20	国务院	国发〔2016〕74号	"十三五"节能减排综合工作方案	强化建筑节能。实施建筑节能先进标准领跑行动，开展超低能耗及近零能耗建筑建设试点，推广建筑屋顶分布式光伏发电。编制绿色建筑建设标准，开展绿色生态城区建设示范，到2020年，城镇绿色建筑面积占新建建筑面积比重提高到50%。实施绿色建筑全产业链发展计划，推行绿色施工方式，推广节能绿色建材、装配式和钢结构建筑。强化既有居住建筑节能改造，实施改造面积5亿平方米以上，2020年前基本完成北方采暖地区有改造价值城镇居住建筑的节能改造。推动建筑节能宜居综合改造试点城市建设，鼓励老旧住宅节能改造与抗震加固改造、加装电梯等适老化改造同步实施，完成公共建筑节能改造面积1亿平方米以上。推进利用太阳能、浅层地热能、空气热能、工业余热等解决建筑用能需求
2017.2.21	工信部、住房城乡建设部	发改气候〔2017〕343号	国家发展改革委、住房城乡建设部关于印发气候适应型城市建设试点工作的通知	积极应对热岛效应和城市内涝，发展被动式超低能耗绿色建筑，实施城市更新和老旧小区综合改造，加快装配式建筑的产业化推广

续表

时间	发文机构	发文号	政策名称	政策内容
2017.3.1	住房城乡建设部	建科[2017]53号	建筑节能与绿色建筑发展"十三五"规划	大力发展装配式建筑，加快建设装配式建筑生产基地，培育设计、生产、施工一体化龙头企业；完善装配式建筑相关政策、标准及技术体系。积极发展钢结构、现代木结构等建筑结构体系

3）落实建筑工业化实施的技术政策

住房城乡建设部等行业部门出台政策对从事建筑工业化实践活动的行为设立规范、标准，保证工业化建筑的质量，促进建筑工业化的发展（表3-8）。

落实建筑工业化实施的技术政策 表3-8

时间	发文机构	发文号	政策名称	政策内容
2014.10.1	住房城乡建设部	JGJ 1—2014	装配式混凝土结构技术规程	技术性政策
2015.5.1	住房城乡建设部	——	建筑产业现代化国家建筑标准设计体系	技术性政策
2015.10.14	住房城乡建设部 工信部	建科[2015]162号	绿色建材评价技术导则（试行）	技术性政策
2016.5.1	住房城乡建设部 质监局	GB/T 51129—2015	工业化建筑评价标准	技术性政策
2016.12.15	住房城乡建设部	建质函[2016]287号	装配式混凝土结构建筑工程施工图设计文件技术审查要点	技术性政策
2017.3.1	住房城乡建设部	建标[2016]291号	装配式建筑工程消耗量定额	技术性政策
2017.6.1	住房城乡建设部 质监局	GB/T 51232—2016	装配式钢结构建筑技术标准	技术性政策
2017.6.1	住房城乡建设部 质监局	GB/T 51231—2016	装配式混凝土建筑技术标准	技术性政策
2017.6.1	住房城乡建设部 质监局	GB/T 51233—2016	装配式木结构建筑技术标准	技术性政策
2017.10.1	住房城乡建设部	JGJ/T 400—2017	装配式劲性柱混合梁框架结构技术规程	技术性政策

4）中央政府推动装配式建筑实施的指导性政策

中央政府在城镇建设中发展装配式建筑，推广钢结构和木结构建筑。中共中央 国务院在《中共中央 国务院关于进一步加强城市规划建设管理工作的若干意见》中首次明确提出"力争用10年左右时间，使装配式建筑占新建建筑的比例达到30％"，为装配式建筑的发展提供了指导性目标。全国人民代表大会发布的第十三个五年发展规划中明确指出推广装配式建筑。《国务院办公厅关于促进建筑业持续健康发展的意见》和《中共中央 国务院关于开展质量提升行动的指导意见》中都明确提出了推广装配式建筑（表3-9）。

中央政府推动装配式建筑实施的指导性政策　　　　表3-9

时间	发文机构	发文号	政策名称	政策内容
2016.2.6	中共中央国务院	—	中共中央国务院关于进一步加强城市规划建设管理工作的若干意见	发展新型建造方式。大力推广装配式建筑，减少建筑垃圾和扬尘污染，缩短建造工期，提升工程质量。制定装配式建筑设计、施工和验收规范。完善部品部件标准，实现建筑部品部件工厂化生产。鼓励建筑企业装配式施工，现场装配。建设国家级装配式建筑生产基地。加大政策支持力度，力争用10年左右时间，使装配式建筑占新建建筑的比例达到30%。积极稳妥推广钢结构建筑。在具备条件的地方，倡导发展现代木结构建筑
2016.2.12	国务院	国发[2016]8号	国务院关于深入推进新型城镇化建设的若干意见	推动新型城市建设。坚持适用、经济、绿色、美观方针，提升规划水平，增强城市规划的科学性和权威性，促进"多规合一"，全面开展城市设计，加快建设绿色城市、智慧城市、人文城市等新型城市，全面提升城市内在品质。实施"宽带中国"战略和"互联网＋"城市计划，加速光纤入户，促进宽带网络提速降费，发展智能交通、智能电网、智能水务、智能管网、智能园区。推动分布式太阳能、风能、生物质能、地热能多元化规模化应用和工业余热供暖，推进既有建筑供热计量和节能改造，对大型公共建筑和政府投资的各类建筑全面执行绿色建筑标准和认证，积极推广应用绿色新型建材、装配式建筑和钢结构建筑。加强垃圾处理设施建设，基本建立建筑垃圾、餐厨废弃物、园林废弃物等回收和再生利用体系，建设循环型城市。划定永久基本农田、生态保护红线和城市开发边界，实施城市生态廊道建设和生态系统修复工程。制定实施城市空气质量达标时间表，努力提高优良天数比例，大幅减少重污染天数。落实最严格水资源管理制度，推广节水新技术和新工艺，积极推进中水回用，全面建设节水型城市。促进国家级新区健康发展，推动符合条件的开发区向城市功能区转型，引导工业集聚区规范发展
2016.3.16	全国人民代表大会	—	中华人民共和国国民经济和社会发展第十三个五年规划纲要	全面推行城市科学设计，推进城市有机更新，提倡城市修补改造。发展适用、经济、绿色、美观建筑，提高建筑技术水平、安全标准和工程质量，推广装配式建筑和钢结构建筑

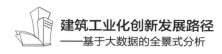

续表

时间	发文机构	发文号	政策名称	政策内容
2017.2.21	国务院办公厅	国办发[2017]19号	国务院办公厅关于促进建筑业持续健康发展的意见	装配式建筑原则上应采用工程总承包模式。推广智能和装配式建筑。坚持标准化设计、工厂化生产、装配化施工、一体化装修、信息化管理、智能化应用，推动建造方式创新，大力发展装配式混凝土和钢结构建筑，在具备条件的地方倡导发展现代木结构建筑，不断提高装配式建筑在新建建筑中的比例。力争用10年左右的时间，使装配式建筑占新建建筑面积的比例达到30%。在新建建筑和既有建筑改造中推广普及智能化应用，完善智能化系统运行维护机制，实现建筑舒适安全、节能高效
2017.5.18	国家认监委	国认实[2017]61号	2017年检验检测行业质量提升行动方案	开展轻质高强混凝土预制构件等装配式建筑部件的研发及标准制定，推动新型建筑工业化发展
2017.9.5	中共中央国务院	—	中共中央国务院关于开展质量提升行动的指导意见	因地制宜提高建筑节能标准。完善绿色建材标准，促进绿色建材生产和应用。大力发展装配式建筑，提高建筑装修部品部件的质量和安全性能，推进绿色生态小区建设

5）装配式建筑实施的配套政策

国家政府部门从承包模式、工程造价及监管机制、信息化、技术体系创新等方面出台一系列政策加快推进装配式建筑的实施。具体包括：装配式建筑应当积极采用工程总承包模式；研究装配式建筑，从设计、技术体系、施工方法以及部品构件等方面进行，促进装配式建筑实现规模化、高效益和可持续发展；促进信息技术在装配式建筑中的应用，推进基于BIM建造和管理，促进工业化建造；开发适用于装配式建筑的建材，实现产业融合；完善装配式建筑的工程造价工作等（表3-10）。

装配式建筑实施的配套政策　　　　　　　　表3-10

时间	发文机构	发文号	政策名称	政策内容
2016.5.20	住房城乡建设部	建市[2016]93号	住房城乡建设部关于进一步推进工程总承包发展的若干意见	政府投资项目和装配式建筑应当积极采用工程总承包模式

续表

时间	发文机构	发文号	政策名称	政策内容
2016.7.28	国务院	国发〔2016〕43号	"十三五"国家科技创新规划	绿色建筑与装配式建筑研究。加强绿色建筑规划设计方法与模式、近零能耗建筑、建筑新型高效供暖解决方案研究,建立绿色建筑基础数据系统,研发室内环境保障和既有建筑高性能改造技术。加强建筑信息模型、大数据技术在建筑设计、施工和运维管理全过程研发应用。加强装配式建筑设计理论、技术体系和施工方法研究。研究装配式混凝土结构、钢结构、木结构和混合结构技术体系、关键技术和通用化、标准化、模数化部品部件。研究装配式装修集成技术。构建装配式建筑的设计、施工、建造和检测评价技术及标准体系,开发耐久性好、本质安全、轻质高强的绿色建材,促进绿色建筑及装配式建筑实现规模化、高效益和可持续发展
2016.8.23	住房城乡建设部	建质函〔2016〕183号	2016-2020年建筑业信息化发展纲要	加强信息技术在装配式建筑中的应用,推进基于BIM的建筑工程设计、生产、运输、装配及全生命期管理,促进工业化建造。建立基于BIM、物联网等技术的云服务平台,实现产业链各参与方之间在各阶段、各环节的协同工作
2016.9.28	工信部	工信部规〔2016〕315号	建材工业发展规划(2016-2020年)	发展绿色建筑和装配式建筑,要求建筑材料向绿色化和部品化发展。开发推广适用于装配式建筑的水泥基材料及制品、节能门窗、玻璃幕墙等部品化建材,生产系列化、标准化的专用水泥、预拌砂浆、混凝土外加剂、砂石骨料等基础原材料。适应建筑产业现代化需要,以装配式混凝土建筑为牵引,促进建材部品化、原料标准化,加快建材部品、构配件产业实现标准化设计、系列化开发、工厂化生产、配套化供应、信息化管理
2016.10.21	工信部	工信部规〔2016〕344号	产业技术创新能力发展规划(2016-2020年)	研发适应绿色建筑及装配式建筑市场需求的节能、绿色、生态型的新型墙体及屋面材料
2017.3.3	住房城乡建设部	建质〔2017〕57号	印工程质量安全提升行动方案	推广工程建设新技术。加快先进建造设备、智能设备的推广应用,大力推广建筑业10项新技术和城市轨道交通工程关键技术等先进适用技术,推广应用工程建设专有技术和工法,以技术进步支撑装配式建筑、绿色建造等新型建造方式发展

时间	发文机构	发文号	政策名称	政策内容
2017.4.21	科技部	国科发社〔2017〕100号	"十三五"城镇化与城市发展科技创新专项规划	建筑工业化体系与关键技术。建立装配式建筑技术标准体系，研发装配式建筑集成设计技术与平台，设计、施工、建造和检测评价技术，研究装配式建筑部品与构配件制造、结构体系与连接节点、产业化技术，开发工程建造关键设备。建筑信息化。研究新型建筑智能化系统平台技术，基于预制装配建筑体系BIM应用技术，绿色建造、绿色施工与智慧建造关键技术。基于大数据的绿色建筑管理技术，基于BIM的绿色建筑运营优化关键技术，绿色建筑垃圾管理定量化和精准化技术
2017.8.1	住房城乡建设部	建标〔2017〕164号	工程造价事业发展"十三五"规划	坚持计价依据服务及时准确。在做好现有工程计价依据更新的基础上，发布工程造价综合指数、人工、材料等指数，做好绿色建筑、装配式建筑、地下城市综合管廊、海绵城市、城市轨道交通等重大专项计价依据服务及其工程造价监测。完善计价依据体系……装配式建筑、低碳建筑等工程计价依据的编制
2017.8.14	住房城乡建设部	建标〔2017〕209号	住房城乡建设部关于加强和改善工程造价监管的意见	突出服务重点领域的造价指标编制。为推进工程科学决策和造价控制提供依据，围绕政府投资工程，编制对本行业、本地区具有重大影响的工程造价指标。加快住房城乡建设领域装配式建筑、绿色建筑、城市轨道交通、海绵城市、城市地下综合管廊等工程造价指标编制。落实安全文明施工、绿色施工等措施费。各级住房城乡建设主管部门要以保障工程质量安全、创建绿色环保施工环境为目标，不断完善工程计价依据中绿色建筑、装配式建筑、环境保护、安全文明施工等有关措施费用，并加强对费用落实情况的监督

6）完善装配式建筑管理机制

《国务院办公厅关于大力发展装配式建筑的指导意见》中明确了发展装配式建筑的目标、重点任务及实施措施，"因地制宜发展装配式混凝土结构、钢结构和现代木结构等装配式建筑。力争用10年左右的时间，使装配式建筑占新建建筑面积的比例达到30％"。从健全标准规范体系、创新装配式建筑设计、优化部品部件生产等八个方面实施发展装配式建筑的任务。《"十三五"装配式建筑行动方案》《装配式建筑示范城市管理办法》《装配式建筑产业基地管理办法》进一步明确了发展装配式建筑的阶段性工作任务、重点任务和保障措施，以及示范城市、产业基地的申请条件、评审和认定的程序等（表 3-11）。通过完善装配式建筑的管理机制推动政策落地，促进装配式建筑的发展。主要政策演化见图 3-5～图 3-7。

完善装配式建筑管理机制政策[注1]　　　　　　　　　　表 3-11

时间	发文机构	发文号	政策名称	政策内容
2016.9.27	国务院办公厅	国办发[2016] 71 号	国务院办公厅关于大力发展装配式建筑的指导意见	大力发展装配式，以三大城市群为重点推进地区，因地制宜发展装配式混凝土结构、钢结构和现代木结构等装配式建筑。力争用 10 年左右的时间，使装配式建筑占新建筑面积的比例达到 30%。重点任务是健全标准规范体系、创新装配式建筑设计、优化部品部件生产等八个方面，从组织领导、政策支持等四个方面进行措施保障，如"加大政策支持……在土地供应中，可将发展装配式建筑的相关要求纳入供地方案，并落实到土地使用合同中。"
2017.3.23	住房城乡建设部	建科[2017] 77 号	"十三五"装配式建筑行动方案	确定工作目标：到 2020 年，全国装配式建筑占新建建筑的比例达到 15% 以上，其中重点推进地区达到 20% 以上，积极推进地区达到 15% 以上，鼓励推进地区达到 10% 以上。到 2020 年，培育 50 个以上装配式建筑示范城市，200 个以上装配式建筑产业基地，500 个以上装配式建筑示范工程，建设 30 个以上装配式建筑科技创新基地，充分发挥示范引领和带动作用。重点任务：编制发展规划、健全标准体系、完善技术体系、提高设计能力、增强产业配套能力、推行工程总承包、推进建筑全装修、促进绿色发展、提高工程质量安全、培育产业队伍
2017.3.23	住房城乡建设部	建科[2017] 77 号	装配式建筑示范城市管理办法	规范管理国家装配式建筑示范城市，确定示范城市的申请、评审、认定、发布和监督管理
2017.3.23	住房城乡建设部	建科[2017] 77 号	装配式建筑产业基地管理办法	规范管理国家装配式建筑产业基地，确定产业基地的申请、评审、认定、发布和监督管理

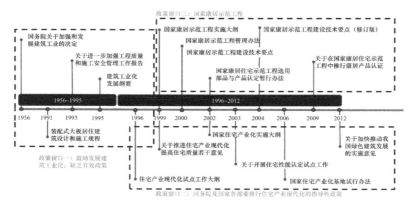

图 3-5　主要政策演化图（一）

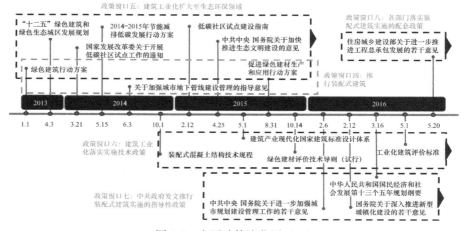

图 3-6　主要政策演化图（二）

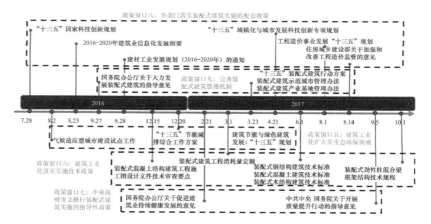

图 3-7　主要政策演化图（三）

3.4　建筑工业化政策量化分析

　　建筑工业化政策属于公共政策范畴,通过政策发布主体、政策内容等量化分析有助于揭示我国建筑工业化政策的整体发布情况,了解政府部门发布政策的支持强度和政策发布的时空分布特征。本研究对前述 97 条国家层面政策和 573 条地方层面政策进行量化处理,直观地呈现量化结果,为我国建筑工业化发展水平评价提供数据支持。

　　对收集到的政策从政策发布主体、发布时间、政策类别、政策目标和实施措施等方面进行归纳总结。通过对政策文本的特征分析,确定以政策发布主体、政策目标和政策措施为维度进行建筑工业化政策量化分析,其中政策措施细分为引导措施、优化产业、拉动需求和政策扶持四个子维度(图 3-8),每一维度均以 1 至 5 的标度表示量化结果,对于同时具备多个特征的政策予以多维度评价。

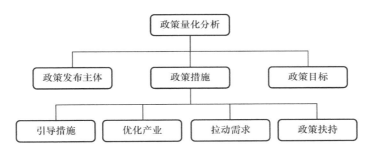

图 3-8　政策量化分析框架

　　政策发布主体:对国家层面和地方层面政策分别设定标准(表 3-12)。以发布主体的行政级别和文件性质作为评判标准,级别越高或法律效力越强相应得分也越高。以国家层面为例,全国人民代表大会及其常务委员会颁布的法律或审议通过的议案,中共中央、国务院联合或单独颁布的文件法律效力最高,以 5 分进行赋值;国务院办公厅发文或三个及以上部委联合颁布的政策赋值 4 分;部委发文或其下属机构颁布的条例、规定、决定、意见、办法、标准、方案、指南等按照效力逐级递减的原则依次赋予量化分值。

　　政策目标:国家层面政策目标的量化依据是政策文件中设置目标是否明确、是否易于考核、是否设置合理的奖惩机制(表 3-12),将目标明晰且奖惩制度合理的政策赋予 5 分,未设置目标的政策赋予 0 分。地方层面政策目标以国家层面

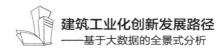
设定的目标为参照，目标设置高于国家目标得 5 分，低于国家目标得 1 分，与国家目标一致得 3 分。考虑到实际评分过程的复杂性，中间标度的评价标准由打分人员酌情确定。

政策发布主体和政策目标量化标准及依据　　　　　表 3-12

	得分	国家层—评分标准	地方层—评分标准
政策发布主体	5	全国人民代表大会及其常务委员会颁布的法律或审议通过的议案，中共中央、国务院联合或单独颁布的文件	省（直辖市、自治区）人民代表大会及其常务委员会颁布的地方法规或审议通过的议案，省（直辖市、自治区）委、省（直辖市、自治区）政府联合或单独颁布的文件
	4	国务院办公厅发文或三个及以上部委联合颁布的文件	省（直辖市、自治区）政府办公厅发文，三个及以上厅局联合颁布的文件
	3	各部委颁布的条例、规定、决定、意见、办法、标准	各厅局颁布的条例、规定、决定、意见、办法、标准
	2	各部委下属司局颁布的方案、指南、暂行规定、细则、条件	各厅局下属管理部门颁布的方案、指南、暂行规定、细则、条件
	1	通知、公告、评定办法、试行办法	通知、公告、评定办法、试行办法
政策目标量化	5	制定了建筑工业化发展目标，明确规定了时间节点和目标成果，易于考核且规定了目标实现的奖惩机制	制定了建筑工业化发展目标，明确规定了时间节点和目标成果，且目标设定高于国家要求
	3	制定了目标但具体时间成果未明确，难以考核	制定了建筑工业化发展目标，目标与国家要求一致
	1	仅提及要制定相关目标	未制定目标，或目标低于国家要求

以国务院发布的《关于大力发展装配式建筑的指导意见》为例说明地方政策目标量化方式：国务院文件中设定了"力争用 10 年左右的时间，使装配式建筑占新建建筑面积的比例达到 30%"的目标，依据此指导意见各省市发文情况如表 3-13 所示。政策目标量化值最高为 5 分，表 3-13 反映了各省市目前的发展水平与地方政府对于未来的发展预判情况。

政策措施量化：本研究参考 Rothwell 和 Zegveld 对政策按照供给型、环境型和需求型的划分方法[1]，结合我国政策实际情况和建筑工业化相关政策现状，将政策措施细分为引导措施、优化产业、拉动需求和政策扶持四个子维度。在文本关键信息的总结基础之上，将政策文本出现的关键词与评分标准相对应（表 3-14），2、4 得分根据具体情况由打分人员酌情确定。

依据政策量化方法对 97 条国家层面政策进行量化处理，得到 1956 至 2017 年我国政府颁布的建筑工业化政策的量化得分情况和年度政策平均力度，图 3-9 柱状图通过色差区分各分值的得分情况以及累加的整体得分情况，图中曲线反映平均政策力度的变化趋势。建筑工业化政策在早期阶段数量少、总效力低，但是政策平均力度较高，究其原因，是计划经济及市场经济初期阶段政策的强制作用显著；2011年起相关政策效力逐年增加，特别是2013年政协双周座谈会和2016年国务院发布《关于大力发展装配式建筑的指导意见》之后，政策总效力出现较大幅度的增长，平均效力也有所回升。

各省政策目标得分情况　　　　　　　　　　表3-13

区域	地区	得分	区域	地区	得分
华北	北京	5	华南	广东	4
	河北	3		广西	3
	天津	3		海南	1
	山西	3	西南	四川	5
	内蒙古	3		贵州	3
华东	上海	5		重庆	3
	江苏	5		西藏	2
	浙江	5		云南	3
	山东	4	东北	吉林	3
	安徽	3		辽宁	4
	福建	4		黑龙江	3
华中	湖北	3	西北	甘肃	3
	湖南	5		陕西	3
	河南	5		宁夏	2
	江西	5		青海	2
				新疆	0

政策措施量化标准　　　　　　　　　　表3-14

	得分	评分标准
引导措施	5	大力发展装配式建筑、钢结构、木结构等，全面提高建筑技术水平和工程质量。制定了实施示范工程或试点工程的办法；制定了详细的引导体系；制定了其他大力推广建筑工业化的引导措施等
	3	明确提出要积极推进建筑工业化发展，进一步明确阶段性工作目标，落实重点任务，强化保障措施
	1	仅提及建筑工业化相关内容，暂无具体举措
优化产业	5	强制要求全面使用信息技术、成熟的建筑工业化结构体系、研发和使用新型建筑材料、执行设计标准
	3	鼓励使用信息技术、成熟的建筑工业化结构体系、研发和使用新型建筑材料、执行设计标准
	1	仅提及发展相关技术、研发材料、编制相关标准，无具体举措

续表

	得分	评分标准
拉动 需求	5	强制要求某类建筑必须使用建筑工业化建造手段
	3	鼓励某类建筑使用建筑工业化建造手段
	1	仅提及相关内容
政策 扶持	5	制定了明确的规划审批、土地供应、基础设施配套、财政金融等扶持细则，鼓励相关企业发展建筑工业化相关产业
	3	未制定明确扶持政策实施细则，但指出了建筑工业化相关企业优先享受某些扶持政策
	1	仅提及相关内容

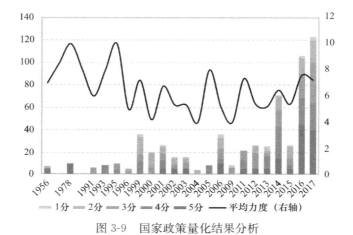

图 3-9 国家政策量化结果分析

图 3-10 更加直观地反映了不同分值的占比情况，特别是量化得分较高的政策的比例，早期政策中得到 5 分的占比较高，其后直至 2000 年均未出现得到 5 分的政策，说明这期间存在政策效力缺失的情况，行业重视程度不足。2011 年开始，政策整体效力呈现增长态势，从政策发布主体级别、政策措施的力度和政策目标的设置上都表现出关注度逐年升高的趋势，特别是 2016 年，得到 5 分的政策占比达到峰值。

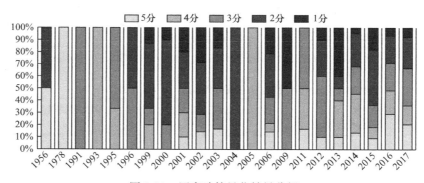

图 3-10 国家政策量化结果分析

3.5　国家住宅产业化基地、装配式建筑示范城市和产业基地分析

3.5.1　国家住宅产业化基地分析

1. 国家住宅产业化基地概况

为推动住宅产业化的发展，2002 年建设部发布了《国家住宅产业化基地实施大纲》，明确提出要建立国家住宅产业化基地。2006 年建设部发布了《国家住宅产业化基地试行办法》，住宅产业化基地的建立有了完善的管理办法和审批流程。从 2002 年到 2015 年，我国在 19 个省份共建立了 70 个国家住宅产业化基地[2]，其中包括 11 个国家住宅产业化试点城市（表 3-15），57 个国家住宅产业化企业基地（表 3-16），2 个开发区（表 3-17）。

国家住宅产业化试点城市　　　　　　　　　　　　　　表 3-15

序号	10 个综合试点城市，1 个示范城市	省份
1	沈阳市人民政府（示范城市）	辽宁市
2	深圳市人民政府	广东省
3	济南市人民政府	山东省
4	绍兴市人民政府	浙江省
5	北京市人民政府	北京市
6	合肥市人民政府	安徽省
7	厦门市人民政府	福建省
8	乌海市人民政府	内蒙古
9	上海市人民政府	上海市
10	长沙市人民政府	湖南省
11	广安市人民政府	四川省

国家住宅产业化企业基地　　　　　　　　　　　　　　表 3-16

序号	企业基地	省份
1	天津二建机施钢结构工程有限公司	天津市
2	北新集团建材股份有限公司（北新建材）	北京市
3	青岛海尔集团	山东省
4	正泰集团	浙江省
5	山东力诺瑞特新能源有限公司	山东省
6	长沙远大住宅工业有限公司（远大住工）	湖南省
7	万科企业股份公司（万科集团）	广东省
8	南京栖霞建设股份有限公司	江苏省
9	宝业集团股份有限公司	浙江省

续表

序号	企业基地	省份
10	黑龙江省建工集团	黑龙江省
11	万华实业集团有限公司	山东省
12	天津住宅建设发展集团有限公司	天津市
13	黑龙江宇辉建设集团	黑龙江省
14	广州松下空调电器有限公司	广东省
15	深圳市嘉达高科产业发展有限公司	广东省
16	浙江杭萧钢构股份有限公司	浙江省
17	北京金隅集团有限责任公司	北京市
18	江苏新城地产股份有限公司	江苏省
19	中南控股集团有限公司（中南建设）	江苏省
20	潍坊国建高创科技有限公司	山东省
21	上海城建（集团）公司	上海市
22	唐山惠达陶瓷（集团）股份有限公司	河北省
23	威海丰荟集团有限公司	山东省
24	江苏龙信建设集团	江苏省
25	合肥鹏远住宅工业有限公司	安徽省
26	博洛尼旗舰装饰装修工程（北京）有限公司	北京市
27	哈尔滨鸿盛集团	黑龙江省
28	苏州科逸住宅设备股份有限公司	江苏省
29	中国二十二冶集团有限公司	河北省
30	南京大地建设集团有限责任公司	江苏省
31	山东万斯达集团公司	山东省
32	潍坊市宏源防水材料有限公司	山东省
33	广东万和新电气股份有限公司	广东省
34	中建国际投资（中国）有限公司	广东省
35	四川华构住宅工业有限公司	四川省
36	沈阳万融现代建筑产业有限公司（万融产业集团）	辽宁省
37	潍坊天同宏基集团股份有限公司	山东省
38	南通华新建工集团有限公司	江苏省
39	河北卓达集团	河北省
40	新疆华源实业（集团）有限公司	新疆
41	浙江雅德居节能环保门窗有限公司	浙江省
42	福建建超建设集团有限公司（建超集团）	福建省
43	大庆高新城市建设投资开发有限公司	黑龙江省
44	内蒙古蒙西建设集团有限公司	内蒙古
45	河北新大地机电制造有限责任公司	河北省
46	北京住总集团有限责任公司	北京市

续表

序号	企业基地	省份
47	三一集团有限公司	湖南省
48	深圳华阳国际工程设计有限公司	广东省
49	浙江亚厦装饰股份有限公司	浙江省
50	北京市建筑设计研究院有限公司	北京市
51	新疆德坤实业集团有限公司	新疆
52	建华建材投资有限公司	江苏省
53	中天建设集团有限公司	浙江省
54	远建工业化住宅集成科技有限公司	河北省
55	中国建筑第七工程局有限公司	河南省
56	中国建筑第三工程局有限公司	湖北省
57	中城建恒远（贵州安顺）新型建材有限公司	贵州省

开发区 表 3-17

序号	开发区	省份
1	大连花园口经济区	辽宁省
2	合肥经济技术开发区	安徽省

2. 国家住宅产业化基地数量统计分析

对国家住宅产业化基地按照省份进行统计，山东省和江苏省位于第一位和第二位，基地的数量分别为 9 和 8，浙江省和广东省基地数量为 7，并列第三位，与我国经济强省的地位基本相符。省级行政区中有国家住宅产业化基地的省市的数量为 19 个，没有住宅产业化基地的省市共有 15 个，分别为西藏自治区、宁夏回族自治区、重庆市、青海省、广西壮族自治区、吉林省、陕西省、甘肃省、海南省、山西省、江西省、云南省、香港特别行政区、澳门特别行政区、台湾省。

对国家住宅产业化基地分类统计（表 3-18），分为企业、城市和开发区，三个类别按照对推动国家住宅产业化实施影响力的大小由大到小排序为城市、开发区、企业。城市分布在山东省（济南市）、浙江省（绍兴市）、广东省（深圳市）、北京市、湖南省（长沙市）、安徽省（合肥市）、辽宁省（沈阳市）、上海市、福建省（厦门市）、四川省（广安市）和内蒙古自治区（乌海市），其中有 2 个直辖市北京市和上海市，1 个特别行政区深圳市，4 省会城市，分别为济南市、长沙市、合肥市和沈阳市。有开发区的省分别为安徽省和辽宁省。

国家住宅产业化基地全国统计分布　　　　　表 3-18

省市	企业	开发区	城市	总数	省市	企业	开发区	城市	总数
山东	8		1	9	天津	2			2
江苏	8			8	上海	1		1	2
浙江	6		1	7	福建	1		1	2
广东	6		1	7	新疆	2			2
北京	5		1	6	四川	1		1	2
河北	5			5	内蒙古	1		1	2
黑龙江	4			4	湖北	1			1
湖南	2		1	3	河南	1			1
安徽	1	1	1	3	贵州	1			1
辽宁	1	1	1	3					

　　在企业层面，山东省与江苏省的住宅产业化企业基地数量相同，都有 8 家企业，浙江省和广东省的住宅产业化企业基地数量相同，都有 6 家企业，建筑工业化实施的省份与经济强省相一致。

　　在全国范围内，东部沿海地区发展住宅产业化的热度高，其中热度比较高的区域有深圳—广州区域、杭州—南京—上海三角区域、北京—天津区域、潍坊—济南区域；热度比较高的城市有长沙市、哈尔滨市、石家庄市、乌鲁木齐市。

　　国家住宅产业化基地地区分布数量统计如图 3-11、图 3-12 所示，按基地数量由多到少排序依次为华东地区、华北地区、华南地区、东北地区、华中地区、西南地区和西北地区，基本符合我国地区经济发展情况的排序。华东地区基地数量最多，为 31 个，占比达 44.3%，遥遥领先于其他地区。华东地区大都位于东部沿海地区，经济发展迅速，该地区积极推进国家住宅产业化的实施。而西南、西北地区一直是我国经济发展比较落后的地区，建筑业发展也比较缓慢。

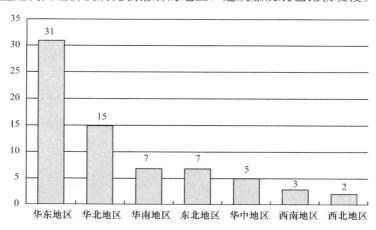

图 3-11　国家住宅产业化地区分布

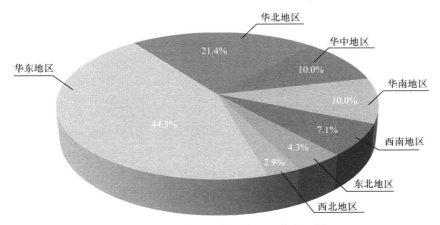

图 3-12 国家住宅产业化地区分布比例

3.5.2 第一批装配式建筑示范城市和产业基地分析

1. 第一批装配式建筑示范城市和产业基地概况

2017 年住房城乡建设部在《"十三五"装配式建筑行动方案》中明确提出"到 2020 年，培育 50 个以上装配式建筑示范城市，200 个以上装配式建筑产业基地，500 个以上装配式建筑示范工程，建设 30 个以上装配式建筑科技创新基地，充分发挥示范引领和带动作用"。2017 年 11 月 9 日住房城乡建设部公布了第一批装配式建筑示范城市和产业基地[3]。按照名单进一步细分，可分为装配式建筑示范城市（表 3-19）、装配式建筑企业基地（表 3-20）和装配式建筑科研院所（表 3-21）。

第一批装配式建筑示范城市　　　　　　　　　表 3-19

序号	城市	省份	序号	城市	省份
1	北京市	北京市	16	沈阳市	辽宁省
2	天津市	天津市	17	包头市	内蒙古自治区
3	合肥市	安徽省	18	满洲里市	内蒙古自治区
4	合肥经济技术开发区	安徽省	19	青岛市	山东省
5	深圳市	广东省	20	济宁市	山东省
6	玉林市	广西壮族自治区	21	济南市	山东省
7	石家庄市	河北省	22	潍坊市	山东省
8	邯郸市	河北省	23	烟台市	山东省
9	郑州市	河南省	24	上海市	上海市
10	新乡市	河南省	25	成都市	四川省
11	荆门市	湖北省	26	广安市	四川省
12	长沙市	湖南省	27	唐山市	河北省
13	海门市	江苏省	28	宁波市	浙江省
14	南京市	江苏省	29	杭州市	浙江省
15	常州市武进区	江苏省	30	绍兴市	浙江省

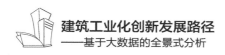
第一批装配式建筑企业基地　　　　　　　　　　　　　　　　表 3-20

序号	企业	省份	序号	企业	省份
1	安徽富煌钢构股份有限公司	安徽省	35	广州市施建设集团有限公司	广东省
2	安徽鸿路钢结构（集团）股份有限公司	安徽省	36	广州市白云化工实业有限公司	广东省
3	安徽建工集团有限公司	安徽省	37	深圳市华阳国际工程设计股份有限公司	广东省
4	安徽省建筑设计研究院股份有限公司	安徽省	38	深圳市嘉达高科产业发展有限公司	广东省
5	北京住总集团有限责任公司	北京市	39	深圳市鹏城建筑集团有限公司	广东省
6	北京恒通创新赛木科技股份有限公司	北京市	40	万科企业股份有限公司	广东省
7	北京建谊投资发展（集团）有限公司	北京市	41	筑博设计股份有限公司	广东省
8	北京市保障性住房建设投资中心	北京市	42	中国建筑第四工程局有限公司	广东省
9	北京市建筑设计研究院有限公司	北京市	43	中建钢构有限公司	广东省
10	北京市住宅产业化集团股份有限公司	北京市	44	深圳华森建筑与工程设计顾问有限公司	广东省
11	北京首钢建设集团有限公司	北京市	45	中建国际投资（中国）有限公司	广东省
12	东易日盛家居装饰集团股份有限公司	北京市	46	广西建工集团有限责任公司	广西壮族自治区
13	多维联合集团有限公司	北京市	47	玉林市福泰建设投资发展有限责任公司	广西壮族自治区
14	华通设计顾问工程有限公司	北京市	48	贵州剑河园方林业投资开发有限公司	贵州省
15	一天（北京）集成卫厨设备有限公司	北京市	49	贵州绿筑科建住宅产业化发展有限公司	贵州省
16	中国中建设计集团有限公司	北京市	50	贵州兴贵恒远新型建材有限公司	贵州省
17	中建科技有限公司	北京市	51	海南省建设集团有限公司	海南省
18	中国建筑设计院有限公司	北京市	52	大元建业集团股份有限公司	河北省
19	中国建筑标准设计研究院有限公司	北京市	53	河北合创建筑节能科技有限责任公司	河北省
20	中冶建筑研究总院有限公司	北京市	54	河北建设集团股份有限公司	河北省
21	北新房屋有限公司	北京市	55	河北建筑设计研究院有限责任公司	河北省
22	北新集团建材有限公司	北京市	56	河北新天地机电制造有限公司	河北省
23	福建博那德科技园开发有限公司	福建省	57	河北雪龙机械制造有限公司	河北省
24	福建建超建设集团有限公司	福建省	58	惠达卫浴股份有限公司	河北省
25	福建建工集团有限责任公司	福建省	59	金环建设集团邯郸有限公司	河北省
26	福建省泷澄建设集团有限公司	福建省	60	秦皇岛阿尔法工业园开发有限公司	河北省
27	福州鸿生高科环保科技有限公司	福建省	61	任丘市永基建筑安装工程有限公司	河北省
28	金强（福建）建材科技股份有限公司	福建省	62	唐山冀东发展集成房屋有限公司	河北省
29	厦门合立道工程设计集团股份有限公司	福建省	63	远建工业化住宅集成科技有限公司	河北省
30	厦门市建筑科学研究院集团股份有限公司	福建省	64	中国二十二冶集团有限公司	河北省
31	甘肃省建设投资（控股）集团总公司	甘肃省	65	河南东方建设集团发展有限公司	河南省
32	碧桂园控股有限公司	广东省	66	河南省第二建设集团有限公司	河南省
33	广东建远建筑装配工业有限公司	广东省	67	河南省金华夏建工集团股份有限公司	河南省
34	广东省建筑科学研究院集团股份有限公司	广东省	68	河南天丰绿色装配集团有限公司	河南省

续表

序号	企业	省份	序号	企业	省份
69	河南万道捷建股份有限公司	河南省	101	苏州昆仑绿建木结构科技股份有限公司	江苏省
70	新浦建设集团有限公司	河南省	102	镇江威信模块建筑有限公司	江苏省
71	中国建筑第三工程局有限公司	湖北省	103	中衡设计集团股份有限公司	江苏省
72	哈尔滨鸿盛集团	黑龙江省	104	江苏中南建筑产业集团有限责任公司	江苏省
73	黑龙江省蓝天建设集团有限公司	黑龙江省	105	启迪设计集团股份有限公司	江苏省
74	黑龙江省宇辉新型建筑材料有限公司	黑龙江省	106	朝晖城建集团有限公司	江西省
75	湖北沛函建设有限公司	湖北省	107	江西雄宇（集团）有限公司	江西省
76	中国建筑第七工程局有限公司	河南省	108	江西中煤建设集团有限公司	江西省
77	中国一冶集团有限公司	湖北省	109	大连三川建设集团股份有限公司	辽宁省
78	长沙远大住宅工业集团股份有限公司	湖南省	110	德睿盛兴（大连）装配式建筑科技有限公司	辽宁省
79	湖南东方红建设集团有限公司	湖南省	111	沈阳三新实业有限公司	辽宁省
80	湖南金海钢结构股份有限公司	湖南省	112	沈阳万融现代建筑产业有限公司	辽宁省
81	湖南省沙坪建设有限公司	湖南省	113	沈阳中辰钢结构工程有限公司	辽宁省
82	三一集团有限公司	湖南省	114	满洲里联合众木业有限责任公司	内蒙古自治区
83	远大可建科技有限公司	湖南省	115	内蒙古包钢西创集团有限责任公司	内蒙古自治区
84	中民筑友建设有限公司	湖南省	116	北汇绿建集团有限公司	山东省
85	中国建筑第五工程局有限公司	湖南省	117	济南汇富建筑工业有限公司	山东省
86	吉林亚泰（集团）股份有限公司	吉林省	118	莱芜钢铁集团有限公司	山东省
87	吉林省新土木建设工程有限责任公司	吉林省	119	青岛新世纪预制构件有限公司	山东省
88	建华建材（江苏）有限公司	江苏省	120	日照山海大象建设集团	山东省
89	江苏东尚住宅工业化有限公司	江苏省	121	山东诚祥建设集团股份有限公司	山东省
90	江苏沪宁钢机股份有限公司	江苏省	122	山东金柱集团有限公司	山东省
91	江苏华江建设集团有限公司	江苏省	123	山东力诺瑞特新能源有限公司	山东省
92	江苏南通三建集团股份有限公司	江苏省	124	山东连云山建筑科技有限公司	山东省
93	江苏元大建筑科技有限公司	江苏省	125	山东聊建现代建设有限公司	山东省
94	江苏筑森建筑设计股份有限公司	江苏省	126	山东平安建设集团有限公司	山东省
95	龙信建设集团有限公司	江苏省	127	山东齐兴住宅工业有限公司	山东省
96	南京大地建设集团有限公司	江苏省	128	山东天意机械股份有限公司	山东省
97	南京旭建新型建材股份有限公司	江苏省	129	山东通发实业有限公司	山东省
98	南京长江都市建筑设计股份有限公司	江苏省	130	山东同圆设计集团有限公司	山东省
99	苏州科逸住宅设备股份有限公司	江苏省	131	山东万斯达建筑科技股份有限公司	山东省
100	苏州金螳螂建筑装饰股份有限公司	江苏省	132	天元建设集团有限公司	山东省

续表

序号	企业	省份	序号	企业	省份
133	万华节能科技集团股份有限公司	山东省	159	天津住宅建设发展集团有限公司	天津市
134	威海丰荟建筑工业科技有限公司	山东省	160	中冶天工集团有限公司	天津市
135	威海齐德新型建材有限公司	山东省	161	新疆德坤实业集团有限公司	新疆
136	潍坊昌大建设集团有限公司	山东省	162	昆明市建筑设计研究院集团有限公司	云南省
137	潍坊市宏源防水材料有限公司	山东省	163	云南建投钢结构股份有限公司	云南省
138	烟建集团有限公司	山东省	164	云南昆钢建设集团有限公司	云南省
139	中通钢构股份有限公司	山东省	165	云南省设计院集团	云南省
140	中意森科木结构有限公司	山东省	166	云南震安减震科技股份有限公司	云南省
141	中铁十四局集团有限公司	山东省	167	潮峰钢构集团有限公司	浙江省
142	山西建筑工程（集团）总公司	山西省	168	宝业集团股份有限公司	浙江省
143	西安建工（集团）有限责任公司	陕西省	169	杭萧钢构股份有限公司	浙江省
144	陕西建工集团有限公司	陕西省	170	华汇工程设计集团股份有限公司	浙江省
145	华东建筑集团股份有限公司	上海市	171	宁波建工工程集团有限公司	浙江省
146	上海城建（集团）公司	上海市	172	宁波普利凯建筑科技有限公司	浙江省
147	上海城建建设实业集团	上海市	173	宁波市建设集团股份有限公司	浙江省
148	上海建工集团股份有限公司	上海市	174	平湖万家兴建筑工业有限公司	浙江省
149	上海中森建筑与工程设计顾问有限公司	上海市	175	温州中海建设有限公司	浙江省
150	上海宝冶集团有限公司	上海市	176	浙江东南网架股份有限公司	浙江省
151	中国建筑西南设计研究院有限公司	四川省	177	浙江建业幕墙装饰有限公司	浙江省
152	成都硅宝科技股份有限公司	四川省	178	浙江精工钢结构集团有限责任公司	浙江省
153	成都建筑工程集团总公司	四川省	179	浙江省建工集团有限公司	浙江省
154	凉山州现代房屋建筑集成制造有限公司	四川省	180	浙江省建设投资集团股份有限公司	浙江省
155	四川华构住宅工业有限公司	四川省	181	浙江欣捷建设有限公司	浙江省
156	四川宜宾仁铭住宅工业技术有限公司	四川省	182	浙江亚厦装饰股份有限公司	浙江省
157	天津达因建材有限公司	天津市	183	中天建设集团股份有限公司	浙江省
158	天津市建工集团（控股）有限公司	天津市			

第一批装配式建筑科研院所　　　　表 3-21

序号	科研院所	省份
1	天津大学建筑设计研究院	天津市
2	天津市建筑设计院	天津市
3	河北省建筑科学研究院	河北省
4	东南大学	江苏省
5	南京工业大学	江苏省
6	合肥工业大学	安徽省
7	福建省建筑设计研究院	福建省
8	山东省建筑科学研究院	山东省

续表

序号	科研院所	省份
9	湖南省建筑设计院	湖南省
10	广东省建筑设计研究院	广东省
11	成都市建筑设计研究院	四川省
12	四川省建筑设计研究院	四川省

2. 第一批装配式建筑示范城市和产业基地数量统计分析

对第一批装配式建筑示范城市和产业基地按照省份进行统计（表 3-22），山东省位于第一位，示范城市和产业基地的数量为 32；江苏省示范城市和产业基地数量为 23，位于第二位；浙江省示范城市和产业基地数量为 20，位于第三位；北京市示范城市和产业基地数量为 19，位于第四位。其中山东省的数量明显高于其他各省市，表明山东省积极落实国家政府部门的政策。其后还有河北省、广东省、湖南省、四川省、福建省和河南省等省市，省级行政区中有第一批装配式建筑示范城市和产业基地的省市数量共有 27 个，没有的省市共有 7 个，分别为西藏自治区、宁夏回族自治区、重庆市、青海省、香港特别行政区、澳门特别行政区、台湾省，表明这些省市相比于其他省市在推进装配式建筑实施、推动建筑工业化方面进展缓慢。相比于国家住宅产业化基地在全国的分布，第一批装配式建筑示范城市和产业基地在全国的分布更加广泛。装配式建筑产业基地的建立对当地装配式建筑的发展起到引领作用，更好地在全国范围内推广装配式建筑。

对第一批装配式建筑示范城市和产业基地按照分类统计，主要分为企业、城市和科研院所，如表 3-22 所示，示范城市分布在山东省（5）、江苏省（3）、浙江省（3）、河北省（3）、河南省（2）、四川省（2）、安徽省（2）、内蒙古自治区（2）、北京市（1）、天津市（1）、广东省（1）、湖南省（1）、上海市（1）、辽宁省（1）、湖北省（1）、广西壮族自治区（1）。其中 3 个直辖市北京市、上海市和天津市，1 个经济特区深圳市，9 个省会城市，分别为合肥市、石家庄市、郑州市、长沙市、南京市、沈阳市、济南市、成都市和杭州市，2 个开发区分别为合肥经济技术开发区和常州市武进区。

第一批装配式建筑示范城市和产业基地分布 　　　　　表 3-22

省份	企业	城市	科研院所	总数
山东	26	5	1	32
江苏	18	3	2	23

建筑工业化创新发展路径
——基于大数据的全景式分析

续表

省份	企业	城市	科研院所	总数
浙江	17	3		20
北京	18	1		19
河北	13	3	1	17
广东	14	1	1	16
湖南	8	1	1	10
四川	6	2	2	10
福建	8		1	9
河南	7	2		9
上海	6	1		7
天津	4	1	2	7
安徽	4	2	1	7
辽宁	5	1		6
云南	5			5
湖北	3	1		4
内蒙古	2	2		4
贵州	3			3
黑龙江	3			3
江西	3			3
广西	2	1		3
吉林	2			2
陕西	2			2
甘肃	1			1
海南	1			1
山西	1			1
新疆	1			1

科研院所共有 12 个，分布在江苏省（2）、四川省（2）、天津市（2）、山东省（1）、河北省（1）、广东省（1）、湖南省（1）、福建省（1）、安徽省（1）。其中高校有东南大学、南京工业大学、合肥工业大学。科研院所的加入为装配式建筑的发展提供了科研支撑，能有力推动装配式建筑在我国的发展。

企业积极响应国家的号召，推进装配式建筑在我国的发展，山东省装配式建筑企业基地数量为 26 家，北京市和江苏省装配式建筑企业基地数量均为 18 家，浙江省的装配式建筑企业基地数量为 17 家，与经济强省比较吻合。

三种类型（装配式建筑企业、城市和科研院所）都有的省份为山东省、河北省、江苏省、广东省、湖南省、四川省、天津市和安徽省，这些省份积极推进实现企业、科研院所和城市的优势互补，推动装配式建筑的发展。

第一批装配式建筑示范城市和产业基地地区分布数量统计如图 3-13、图 3-14 所示，数量的分布依次为华东地区、华北地区、华中地区、华南地区、西南地区、东北地区和西北地区。相比于国家住宅产业化基地的地区分布，华东地区数量依然最多，为 98 个，占比达 43.6%，与国家住宅产业化基地的百分比基本持平，仍遥遥领先于其他地区，说明该地区不仅积极推进国家住宅产业化的实施，在推进装配式建筑方面也积极响应国家的政策。

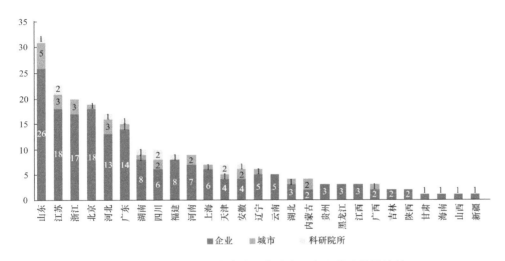

图 3-13　第一批装配式建筑示范城市和产业基地数量统计

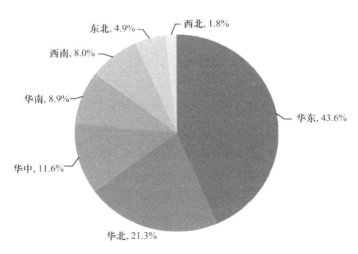

图 3-14　第一批装配式建筑示范城市和产业基地地区分布比例

相比于国家住宅产业化基地的排序，排名前进的地区有华中地区和西南地区（图 3-15），华中地区由原先的占比 7.1％上升到 11.6％，名次由第五位上升为第三位，西南地区由占比 4.3％上升到 8.0％，名次由第六位上升为第五位，说明该地区建筑行业的发展有了进步。华南地区一直保持在三四名之间，没有明显变化。东北地区出现了倒退。西北地区仍然是最后一名，建筑工业化发展缓慢。

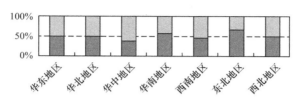

图 3-15　国家住宅产业化与第一批装配式建筑示范城市和产业基地地区分布比较

参考文献

[1] 吴红娟. 建筑工业化生态系统静态结构分析及动态演化研究 [D]. 重庆：重庆大学，2016.

[2] 建筑产业现代化网. 国家住宅产业化基地大全（2015 年 12 月 21 日更新）[EB/OL]. http://www. new-ci. com/bencandy. php? fid-43-id-1399-page-1. htm. 2015-12-21/2017-11-21.

[3] 中华人民共和国住房和城乡建设部办公厅. 住房城乡建设部办公厅关于认定第一批装配式建筑示范城市和产业基地的函 [EB/OL]. http://www. mohurd. gov. cn/wjfb/201711/t20171115_233987. html. 2017-11-9/2017-11-21.

注释

注 1：若政策的大部分内容与建筑工业化相关，政策内容是概述性的内容；若政策的内容只有一部分与建筑工业化相关，政策内容就是政策文件中的内容；技术性政策的内容全部与建筑工业化相关，没有概述性的内容，在政策内容中标注"技术性政策"。

第**4**章

建筑工业化技术创新路径

4.1 建筑工业化企业定义及分类

如果企业的全部或部分业务涉及建筑工业化全产业链的一个或多个环节,则可以将其看作一个建筑工业化企业。

通过整合国内各类展会、组织中的企业信息(表 4-1、表 4-2),共收集到 1263 家建筑工业化企业,包括大型上市公司 45 家。

展会信息 表 4-1

序号	展会名称
1	2017 第十六届中国国际住宅产业暨建筑工业化产品与设备博览会
2	2017 亚洲国际建筑工业化展览会
3	2017 第九届中国国际集成住宅产业博览会
4	2017 第七届广州国际预制房屋、模块化建筑、活动房屋与空间展览会
5	2017 第六届中国(广州)国际建筑钢结构、空间结构及金属材料设备展览会
6	2017 第九届广州国际木屋、木结构产业展

组织信息 表 4-2

序号	组织名称
1	广东现代化建筑产业化创新联盟
2	中国建筑产业化联盟
3	国家住宅科技产业技术创新战略联盟
4	建筑工业化产业技术创新战略联盟
5	山东省建筑产业现代化发展联盟

通过对企业的经营范围进行查询和统计,从建设过程出发,可以将这些企业分为综合类、投资开发类、设计/研究类、构件生产类、设备制造类、施工类、电气安装类、装饰装修类、辅助材料类和 BIM 等创新技术类等 10 种企业类型。

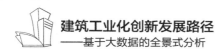

这 10 种企业之间的关系如图 4-1 所示。

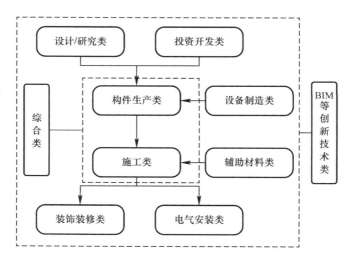

图 4-1　建筑工业化企业分类（建设过程角度）

进一步分析发现，在这些企业中从事钢结构建筑、木结构建筑的企业数量较少，且多为综合类企业，企业自身已经具备了对钢结构建筑、木结构建筑进行设计、生产和建造的能力。而从事预制混凝土建筑的企业数量较多，但是大部分企业的业务只涉及建筑工业化的某一个环节。由此可见，从事钢结构建筑、木结构建筑业务的企业具有一定的独立性和特殊性，不必要对其再从建设过程上进行分类，而应该单独归为一类。这样，最终将建筑工业化企业分为 12 种类型，每一类企业的业务特点以及示例企业，如表 4-3 所示。

建筑工业化企业分类　　　　　　　　　　　　　　　表 4-3

序号	企业类型	企业特点	示例企业
1	钢结构类	致力于钢结构建筑的设计、建造工作	中建钢构有限公司
2	木结构类	致力于木结构建筑的设计、建造工作	北京恒通创新赛木科技股份有限公司
3	综合类	涉足建筑工业化产业链的多个环节，具备独立完成建筑工业化项目的能力和资源	万科企业股份有限公司
4	投资开发类	对建筑工业化项目进行投资开发	河南东方建设集团发展有限公司
5	设计/研究类	为建筑工业化项目提供设计和研究服务，如结构体系、施工技术等方面	北京市建筑设计研究院有限公司
6	构件生产类	为工业化建筑项目提供预制构件、部品设计以及生产服务	青岛新世纪预制构件有限公司
7	设备制造类	为建筑工业化的生产方式提供机械设备	河北新大地机电制造有限公司

序号	企业类型	企业特点	示例企业
8	施工类	在传统建筑施工企业的基础上具备工业化建筑的施工能力	中国建筑第七工程局有限公司
9	电气安装类	致力于水、暖、电集成技术,提供建筑电气一体化安装的解决方案	广东万和新电气股份有限公司
10	装饰装修类	通过工厂预制、现场组合安装的方式,提供部品生产和一体化装修服务	浙江亚厦装饰股份有限公司
11	辅助材料类	为实现建筑工业化提供必要的辅助配件,如连接件、粘合剂等	广州市白云化工实业有限公司
12	BIM等创新技术类	为建筑工业化发展提供信息技术服务、三维建模解决方案、采购、招投标等科技支持	内梅切克软件工程(上海)有限公司

4.2 建筑工业化技术体系

4.2.1 砌块建筑

砌块建筑是指用预制的块状材料砌成墙体的装配式建筑,适于建造 3～5 层建筑[1]。砌块建筑具有施工方便、生产工艺简单的特点,工业化程度低,对工人的技术要求低,在建筑中应用灵活方便,因此,砌块建筑在全国范围内得到了快速推广。

我国采用混凝土砌块结构的建筑始于 1958 年[2]。由于当时我国处于落后时期,与传统建筑相比,砌块建筑在全国范围内应用水平比较低,且各地发展不均衡,致使砌块建筑在当时占有极小的比例。随着我国经济的发展,国力的不断增强,对住宅建筑的不断需要,砌块建筑由于其不仅有较好的技术经济效益,而且在保护资源方面具有巨大的社会效益和环境效益,得到了大力推广。砌块住宅建筑体系已经成为我国墙体革新和推行住宅产业现代化的有效途径之一。

砌块建筑具有以下特点:

(1)节约土地资源。早期我国的建筑材料主要为实心黏土砖块。生产实心黏土砖块需要大量的黏土,致使土地资源遭到破坏[3]。为保护土地资源不被破坏,且满足人们住房的需要,以新型建筑材料混凝土砌块代替了实心黏土砌块。混凝土建筑砌块具有耗能更低的优势,而且其生产价格低、产量大,符合建筑发展的未来趋势[4]。

(2)砌块建筑结构性能可靠、抗震性能好、承载能力强,相同块材、砂浆标号的砌体抗压强度砌块墙是红砖墙的 1.5～1.8 倍[5]。在砌块砌筑的墙体中，利用其空心配筋，浇注混凝土，形成配筋砌块建筑。配筋砌块建筑结构属于墙体承重模式增加了柱网的刚柔性结构，其抗震应力易实现合理化分布，且自重轻，惯性小，抗剪能力高，抗变形能力强，具有较好的抗震性能[2]。

（3）施工技术简便、施工速度快捷。一个标准砌块相当于 9.6 块红砖，提高了施工速度，也减少了运输量[5]。与现浇混凝土相比，砌块建筑不需要捆筋、支模、拆模等工序，加快了施工进度。

（4）建筑造价较低。混凝土砌块原材料成本低；施工过程中由于施工方便，操作简易，生产设备投入少，机械费用低；建筑工人的劳动生产率提高，加快了施工进度，缩短了施工工期，降低了人力资源成本[4]。

（5）增加了装饰手段，外立面美观。砌块建筑表面平整，整齐美观，而且在生产过程中可以在砌块中加入色彩和花纹，丰富砌块的样式，在建造过程中通过不同彩色的搭配起到美化的作用，改变建筑外表面单调重复的局面[2]。

4.2.2 装配式大板建筑

装配式大型板材建筑是由预制的大型内、外墙板和楼板、屋面板、楼梯等构件装配组合而成的建筑，简称大板建筑[6]。大板建筑的施工具有提高工人劳动生产率、缩短工程施工周期的特点。

1. 大板建筑的主要构件

（1）外墙板。外墙板通常满足保温隔热，防止风雨渗透等防护要求。外墙板应具有一定的强度，以抵御风力和地震力等水平荷载。

（2）内墙板。内墙板按布置方向可分为横向内墙板与纵向内墙板两部分。横向内墙板是建筑物的主要承重构件，要求有足够的强度。

（3）楼板。大板建筑的楼板既可以采用钢筋混凝土空心板，也可以用实心板。

（4）阳台板。阳台板一般为钢筋混凝土槽形板，两个助运的挑出部分压入墙内，并与楼板预埋件焊接，然后浇注混凝土。阳台板上的栏杆和栏板也可以作为预制块，在现场焊接。

（5）楼梯。楼梯分成楼梯段与休息平台两部分。

（6）屋面板及挑檐板。屋面板一般与楼板作法相同，仍然采用预制混凝土整间大楼板。

（7）烟风道。烟风道一般为钢筋混凝土或水泥石棉制作的筒状构件，要求坐浆严密，防止串烟漏气，也有玻璃钢（聚酯树脂）材料[7]。

2. 大板建筑的链接

大板建筑的主要构件间应用整体连接。以保证荷载的传递和房屋的稳定。连接节点要满足强度、刚度、韧性，以及抗腐蚀、防水、保温等构造要求。大板建筑构件间的连接通常有两种方式：干式连接和湿式连接。用钢筋、钢板焊接或用螺栓连接的称为干式连接，用混凝土整浇的称为湿式加接。湿式连接整体性好，在我国被广泛采用[6]。

4.2.3 盒子建筑

盒子建筑，又称空间体系的盒型装配式建筑[8]。盒子建筑一般是先在预制工厂中生产盒子式的预制构件，然后运到施工现场以空间模块化的形式进行组装形成建筑。

盒子建筑的特点有：

（1）盒子建筑的结构构件大部分已经在预制工厂中加工、生产，在施工现场进行拼接安装，减少了施工现场工人的工作量，提高了工作效率，加快了施工速度，缩短了建设周期。

（2）混凝土盒子建筑，其整体性好，有利于抗震。如果处理好盒子建筑的连接，提高盒子建筑的整体性，其抗震性能更加明显[9]。

（3）盒子建筑的构件是在预制工厂中采用工业化生产，其标准化程度高，工艺稳定，不利环境条件的制约因素也相应减少。因此从出厂到安装施工的质量都容易得到控制和保证[10]。

（4）交通运输成为制约盒子建筑发展的影响因素，预制工厂与施工现场之间的运输距离、车辆的运输次数及运输过程中的安全性都成为制约盒子建筑的影响因素[9]。

4.2.4 钢结构技术体系

1. 轻钢龙骨体系

轻型钢结构骨架构成主要包括冷弯型钢、热轧或焊接日型钢、丁型钢、焊接或无缝钢管及其组合构件等[11]。

（1）该体系具有以下优点：构件尺寸小，易于埋于墙体内部，利于建筑的布置及室内美观；结构自重轻，节省地基费用；梁柱均为铰接，省却了现场焊接及高强螺栓的费用；受力墙体可在工厂整体拼装，易于实现工厂化生产；易于装卸，加快施工进度[12]。

（2）轻钢龙骨体系较适用于1～3层的低层住宅，不适用于强震区的高层

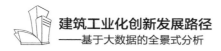

住宅。

2. 纯钢框架结构体系

纯钢框架结构体系是指沿房屋的纵向和横向均采用钢框架作为承重和抵抗侧力的主要构件所构成的结构体系[13]。

（1）该体系具有以下优点：建筑结构形成的空间宽敞，建筑平面布置灵活，空间可变性较强；受力明确，结构各部分刚度比较均匀；框架构件类型少，易于标准化、装配化，施工速度较快[12]。

（2）该体系一般适用于6层以下的多层住宅，不适用于强震区的高层住宅。

3. 钢框架—支撑体系

钢框架—支撑结构体系是在钢框架体系中沿结构的纵、横两个方向均匀布置一定数量的支撑所形成的结构体系[13]。

（1）该体系具有以下优点：由钢框架组成的支撑，与剪力墙板相比在达到同样的刚度下重量要小很多；适用于多层特别是小高层住宅，经济性较好[12]。具有良好的延性和耗能能力，抗震性能好[11]。

（2）该体系常用于多层及小高层住宅，应用较广。

4. 钢框架—混凝土剪力墙体系

钢框架—混凝土剪力墙结构体系是以钢框架体系为基础，沿建筑平面的纵向或横向在适当部位（如楼梯间、分户墙、卫生间）均匀、对称地布置一定数量的钢筋混凝土剪力墙所形成的结构体系[13]。

（1）该体系具有以下优点：受力性能良好，抗震性能好，能吸收地震能量，保持建筑结构的稳定性[14]；钢材的强度高、重量轻、施工速度快。

（2）该体系适用于小高层和高层建筑，较适用于地震区。

5. 钢框架—混凝土核心筒体系

钢框架—混凝土核心筒结构是指由钢筋混凝土核心筒和周边钢框架组成的混合结构，钢筋混凝土核心筒与钢框架铰接或刚接并联使用[15]。

（1）该体系具有以下优点：结构受力明确，核心筒承受水平荷载，钢框架承担竖向荷载，可以减小柱的截面尺寸；由于是现浇核心筒，防水性能较好，可有效避免施工不当渗水所造成的钢构件锈蚀；从建筑平面布置来看，柱子一般布置在阳台或转角部位，以利于住户的装修处理；采用装配式施工，多数构件可以工厂化生产，现场湿作业少，加快施工速度[12]。

（2）该体系综合受力性能好，一般适用于高层住宅。

6. 错列桁架结构体系

错列桁架结构体系的基本组成是高度有一层楼高、跨度等于建筑全宽的桁架，它的两端支承在房屋外围纵列钢柱上，不设中间柱。在房屋横向的每列柱轴线上，这些桁架隔一层设置一个，而在相邻柱轴线则交替布置。在相邻桁架间，楼板一端支承在楼层下桁架的上弦杆，另一端支承在楼层上相邻桁架的下弦杆。垂直荷载由楼板分别传到两桁架的上下弦，再传到外围的柱子上[16]。

（1）该结构体系的特点：空间布置灵活，为灵活布置居住单元提供方便；节约造价，该体系中柱子主要承受轴力，可充分发挥高强钢材的作用，用钢量较框架结构减少 30%～40%；楼板可直接支承在相邻桁架的上下弦上，不需设楼面梁格，结构上可采用小柱距和短跨楼板，使楼板跨度和厚度减小，能减轻自重；桁架在工厂预制，现场安装节点数少，焊接量小，施工周期更短[11,12]。

（2）错列桁架体系适用于多层及小高层住宅。

钢结构技术体系汇总如表 4-4 所示。

钢结构技术体系 表 4-4

序号	名称	技术特点	适用范围
1	轻钢龙骨体系	构件尺寸较小，可将其隐藏在墙体内部，有利于建筑布置和室内美观；结构自重轻，地基费用较为节省；梁柱均为铰接，省却了现场焊接及高强螺栓的费用；受力墙体可在工厂整体拼装，易于实现工厂化生产；易于装卸，加快施工进度；楼板采用楼面轻钢龙骨体系，上覆刨花板及楼面面层，下部设置石膏板吊顶，既可便于管线的穿行，又满足了隔声要求	适用于 1～3 层的低层住宅，不适用于强震区的高层住宅
2	纯钢框架体系	纯钢框架结构体系是指沿房屋的纵向和横向均采用钢框架作为承重和抵抗侧力的主要构件所构成的结构体系。受力明确，平面布置灵活，为建筑提供较大的室内空间，且结构各部分刚度比较均匀，具有较大的延性，自振周期较长，因而对地震作用不敏感，抗震性能好，结构简单，构件易于标准化、定型化，施工速度快。但框架结构属典型的柔性结构体系，其侧向刚度差，易引起非结构构件的破坏	一般适用于 6 层以下的多层住宅，不适用于强震区的高层住宅；用于高层住宅的经济性相对较差
3	钢框架—支撑	该体系在纯钢框架纵、横两个方向适当部位沿柱高增设垂直支撑，以加强结构的抗侧移刚度。支撑不必从下到上同一位置设置，可跳格布置或跨层布置。外墙开有门窗时，也可在窗台高度范围内布置，形成类似周边带状桁架的结构形式，使结构整体刚度得到加强。该体系竖向承载体系为钢框架，水平承载体系为钢框架和钢支撑共同形成的抗侧力体系，若支撑足以承受建筑物的全部侧向力作用，则梁柱可部分或全部做成铰接。在强震区，若柱子比较细长，则大多数采用偏心支撑框架体系，因其在地震作用下特别是强震作用下，具有较好的延性和耗能能力	常用于多层及小高层住宅，应用较广；当建筑层数较高时，该体系比纯钢框架体系经济性好

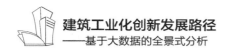
续表

序号	名称	技术特点	适用范围
4	钢框架—混凝土剪力墙体系	钢框架—混凝土剪力墙结构体系是以钢框架体系为基础，沿建筑平面的纵向或横向在适当部位（如楼梯间、分户墙、卫生间）均匀、对称地布置一定数量的钢筋混凝土剪力墙所形成的结构体系	常用于小高层及高层住宅
5	钢框架—混凝土核心筒体系	该体系在高层住宅和高层商用楼中应用最多。这种结构是以卫生间（或楼梯间、电梯间）组成四周封闭的现浇钢筋混凝土核心筒，与钢框架结合成组合结构。它与多层住宅中钢框架—混凝土剪力墙体系的设计理念是一致的。该体系结构破坏主要集中在混凝土核心筒，特别是结构下部的混凝土筒体四角，可配置小钢柱以增加延性	多适用于高层住宅
6	错列桁架结构体系	该体系的基本组成是高度等于层高、跨度等于房屋宽度的桁架，两端支承在房屋外围纵列钢柱上。在房屋横向的每列柱轴线上，这些桁架隔一层设置一个，而在相邻柱轴线则交错布置。在相邻桁架间，楼板一端支承在桁架上弦杆，另一端支承在相邻桁架的下弦杆。垂直荷载则由楼板传到桁架的上下弦，再传到外围的柱子。该体系利用柱子、平面桁架和楼面板组成空间抗侧力体系，在每层楼面形成两倍柱距的大开间	适用于多层及小高层住宅

4.2.5 混凝土结构技术体系

1. 装配式框架结构体系

装配式框架结构是指通过后续浇筑混凝土把叠合梁、叠合板、预制柱、预制楼梯、预制阳台等预制构件经现场装配、节点连接或部分现浇而成一个整体受力的混凝土框架结构[17]。

预制装配式框架结构体系的优点：柱梁承重使空间布置更灵活，有利于用户个性化室内空间的改造；预制构件小，方便运输和现场吊装施工[18]。

我国在应用装配式框架结构体系时存在以下不足：与发达国家相比，我国装配式框架混凝土结构在设计、施工水平以及材料规格与质量方面都存在着较大的差距；装配式混凝土框架结构在隔震、减震方面技术比较欠缺[17]。

2. 装配式剪力墙结构体系

装配式剪力墙结构是指剪力墙全部或部分采用预制构件，通过节点部位的后浇混凝土来形成的具有可靠的传力机制，并能够满足承载力和变形要求的剪力墙结构[17]。

装配式剪力墙结构体系的优点：梁柱不外露，房间空间完整，能有效利用居住空间；工业化程度高，能缩短建设工期；整体性好，承载力强，刚度大，侧向位移小，抗震性能很好，在高层建筑中应用广泛[17,18]。

装配式剪力墙结构体系的不足：其剪力墙间距小，不能提供大空间，平面布局不够灵活，结构延性较差；墙体间的接缝数量多且构造复杂，接缝处的构造及施工质量对整体结构的抗震性能有较大的影响，因而装配式剪力墙结构的抗震性能很难达到现浇结构的水平；预制墙体质量一般比较大，因而对设备要求较高，但其操作形式又缺乏多样化，很难满足一些复杂施工的要求[17]。

3. 装配式框架—剪力墙结构体系

装配式框架—剪力墙结构很好地结合了框架结构和剪力墙结构的优点，可以灵活地进行平面布置和提供较大的空间，施工速度快，人力成本降低[17]。结构受力合理，具有很好的空间刚度和抗震能力，适合建造住宅[18]。

装配式框架—剪力墙结构的缺点有：该结构体系建筑的外围护部分构造相对而言较为复杂，且该结构体系对主筋的灌浆锚固要求较高，施工质量不易控制[17]。

装配整体式混凝土结构体系推广应用技术见表4-5。

装配整体式混凝土结构体系推广应用技术　　　　　　表 4-5

类别	序号	名称	技术特点	技术要求	适用范围
（一）装配整体式混凝土结构体系类型	1	装配整体式混凝土框架结构	全部或部分框架梁、柱采用预制构件建成的装配整体式混凝土结构	预制构件按模数化、标准化设计；连接节点应现浇，且混凝土振捣密实；连接钢筋连接牢固，安装就位准确，误差控制在毫米范围内；节点传力可靠，满足承载力和变形要求；设计和施工应满足现行国家及地方相关标准要求	各类民用建筑和工业建筑
	2	装配整体式混凝土剪力墙结构	全部或部分剪力墙采用预制墙板构件建成的装配整体式混凝土结构	预制构件按模数化、标准化设计；连接节点应现浇，且混凝土振捣密实；连接钢筋宜采用灌浆套筒连接并且牢固，安装就位准确，误差控制在毫米范围内；套筒内注浆密实，无空隙等缺陷；设计和施工应满足现行国家及地方相关标准要求	各类民用建筑
	3	装配整体式混凝土框架-现浇剪力墙结构	由装配整体式框架与现浇混凝土剪力墙（或部分预制）组成的装配整体式混凝土结构	预制构件按模数化、标准化设计，各功能空间布置合理，满足使用及预制构件安装要求；连接节点应现浇，且混凝土振捣密实；设计和施工应满足现行国家及地方相关标准要求	各类民用建筑

续表

类别	序号	名称	技术特点	技术要求	适用范围
（一）装配整体式混凝土结构体系类型	4	装配整体式混凝土部分框支剪力墙结构	框支层及相邻上一层采用现浇混凝土结构，上部楼层剪力墙全部或部分采用工厂化生产的预制构件组成的装配整体式混凝土结构	预制构件按模数化、标准化设计；严格控制连接质量，连接节点应现浇，且混凝土振捣密实；节点传力可靠，满足承载力和变形要求；设计和施工应满足现行国家及地方相关标准要求	各类民用建筑
（二）装配整体式混凝土构件	5	预制钢筋混凝土叠合梁	在工厂生产制作叠合梁底板，施工现场在其上侧现浇混凝土形成叠合整体受弯的预制构件	混凝土保护层厚度不小于20mm；预制部分可采用矩形或凹口截面形式；箍筋可采用整体密闭箍筋或组合封闭箍筋的形式，叠合部位应设置粗糙面，梁梁拼接节点宜在受力较小截面；混凝土、钢筋、钢材的力学性能指标和耐久性及配筋要求等应符合现行国家相关标准的规定	各类民用建筑和工业建筑
	6	预制钢筋混凝土柱	采用机械化生产设备和模具在工厂制作的钢筋混凝土柱。包括预制实心柱和预制柱壳等	混凝土保护层厚度不小于20mm；预制柱上下钢筋连接宜采用灌浆套筒、机械连接等方式；预制柱与梁之间宜采用机械连接和现浇连接等方式；混凝土、钢筋、钢材的力学性能指标和耐久性及配筋要求等应符合现行国家相关标准的规定	各类民用建筑和工业建筑
	7	预制钢筋混凝土楼面板	采用机械化生产设备和模具在工厂制作的钢筋混凝土楼板。包括预制混凝土实心板、预制混凝土空心板、预制混凝土双T板等	混凝土保护层厚度不小于15mm，混凝土强度等级不宜低于C30；混凝土、钢筋、钢材的力学性能指标和耐久性及配筋要求等应符合现行国家相关标准的规定	各类多层民用建筑和工业建筑
	8	预制钢筋混凝土叠合板	采用机械化生产设备和模具在工厂制作的叠合板，在施工现场后浇混凝土形成整体受力的预制构件。主要为桁架钢筋混凝土叠合板	混凝土保护层厚度不小于15mm，叠合板的最小厚度为5～6cm；桁架钢筋应伸出预制混凝土层并设置混凝土结合部位粗糙面；混凝土、钢筋、钢材的力学性能指标和耐久性及配筋要求等应符合现行国家相关标准的规定	各类民用建筑和工业建筑

续表

类别	序号	名称	技术特点	技术要求	适用范围
（二）装配整体式混凝土构件	9	预制钢筋混凝土预应力叠合板	采用机械化生产设备和模具在工厂制作的预应力叠合板，在施工现场后浇混凝土形成整体受力的预制构件。包括预制钢筋混凝土预应力平板、预应力混凝土榫卯叠合板和预制带肋底板混凝土叠合板	混凝土保护层厚度不小于 15mm，预制带肋底板的混凝土强度等级不宜低于 C40 且不应低于 C30，叠合层的混凝土强度等级不应低于 C25；受力的预应力筋宜采用消除应力螺旋肋钢丝或冷轧带肋钢筋，非预应力钢筋宜采用热轧带肋钢筋、冷轧带肋钢筋；受力的预应力筋的直径不应小于 5mm，非预应力钢筋的直径不应小于 6mm	各类民用建筑和工业建筑
	10	预制混凝土剪力墙	采用机械化生产设备和模具在工厂制作，现场通过预留钢筋与主体结构相连接的预制构件。包括预制外剪力墙、预制内剪力墙和叠合剪力墙	混凝土保护层厚度不小于 15mm；宜采用一字型，相邻剪力墙之间应采用整体式接缝连接，上下层预制剪力墙的竖向钢筋宜采用套筒灌浆连接；混凝土、钢筋、钢材的力学性能指标和耐久性及配筋要求等应符合现行国家相关标准的规定	各类民用建筑
	11	预制混凝土非承重内墙板	采用机械化生产设备和模具在工厂制作，安装在主体结构上起内围护作用的非承重混凝土（或轻质混凝土）整体内隔墙板。有实心板、空心板和夹心板等结构形式	严格控制墙板的性能指标要求，干收缩值≤0.6mm/m，吸水率≤20%，软化系数≥0.8；安装时应严格控制平整度和垂直度，板与主体结构连接处及板缝处应采取有效的加强措施，防止产生裂缝。设计及施工应符合现行国家相关标准的规定	各类民用建筑和工业建筑
	12	预制混凝土非承重保温内墙板	采用机械化生产设备和模具在工厂制作，两侧为混凝土（或轻质混凝土），中间为保温板，用于分户墙或楼梯间的隔墙板	严格控制墙板的性能指标要求，干收缩值≤0.6mm/m，吸水率≤20%，软化系数≥0.8；保温性能指标应符合国家及当地节能设计标准；安装时应严格控制平整度和垂直度，板与主体结构连接处及板缝处应采取有效的加强措施，防止产生裂缝；设计及施工应符合现行国家相关标准的规定	各类民用建筑和工业建筑
	13	预制混凝土部分承重内墙板	采用机械化生产设备和模具在工厂制作的部分承重整体墙板，即整体墙板的一部分为承重剪力墙，另一部分为非承重内隔墙板	严格控制墙板的性能指标要求，干收缩值≤0.6mm/m，吸水率≤20%，软化系数≥0.8；承重部分墙体配筋及规格尺寸应满足设计要求；安装时应严格控制平整度和垂直度，板与主体结构连接处及板缝处应采取有效的加强措施，防止产生裂缝。设计及施工应符合现行国家相关标准的规定	各类民用建筑

类别	序号	名称	技术特点	技术要求	适用范围
（二）装配整体式混凝土构件	14	预制混凝土夹心保温外墙板	采用机械化生产设备和模具在工厂制作，内侧剪力墙，外侧混凝土板，中间夹有保温材料并通过拉结件连接的混凝土外墙板	混凝土保护层厚度不小于15mm；墙板连接处宜采用现浇及套筒连接等方式；外侧混凝土板常采用彩色混凝土或者其他装饰材质；严格控制拉结件的材料、抗拉强度、耐久性等性能指标；混凝土、钢筋和拉结件的力学性能指标和耐久性要求等应符合现行国家相关标准的规定	各类民用建筑
	15	预制混凝土非承重外墙板	采用机械化生产设备和模具在工厂制作，两侧为混凝土保护层，中间为保温芯板，现场安装时通过预埋件与主体结构连接、固定的非承重外墙板。包括预制混凝土外墙挂板、预制钢筋骨架复合保温外墙板等	混凝土保护层厚度不小于15mm；外墙挂板与主体结构应采用合理的连接节点；保温芯板应符合当地建筑节能设计标准及消防要求；外墙板的接缝热桥部位应采取有效保温措施；外墙挂板材料及设计应符合现行国家相关标准的规定	各类民用建筑和工业建筑
	16	预制混凝土楼梯	采用机械化生产设备和模具在工厂制作的混凝土楼梯。包括墙承式楼梯、梁承式楼梯等	梯段板厚度不宜小120mm，梯段板面、底板均应配置通长的纵向钢筋；预制楼梯与支承构件之间宜采用简支连接；混凝土、钢筋和钢材的力学性能指标和耐久性及配筋要求等应符合现行国家相关标准的规定	各类民用建筑和工业建筑
	17	预制混凝土阳台	用机械化生产设备和模具在工厂制作的混凝土阳台。包括预制实心阳台和预制叠合阳台	施工过程中应保证预制阳台与主体结构可靠连接，负弯矩钢筋应在相邻楼板的混凝土中可靠锚固；混凝土、钢筋和钢材的力学性能指标和耐久性及配筋要求等应符合现行国家相关标准的规定	各类民用建筑
	18	预制混凝土女儿墙	用机械化生产设备和模具在工厂制作，安装在屋顶外墙延伸部位的混凝土女儿墙	顶层外墙与女儿墙可以预制为一个整体构件；混凝土、钢筋和钢材的力学性能指标和耐久性及配筋要求等应符合现行国家相关标准的规定	各类民用建筑和工业建筑
	19	预制混凝土悬挑构件	用机械化生产设备和模具在工厂制作的混凝土悬挑构件。包括空调板、太阳能板、雨篷、挑檐等	安装时应对安装位置、安装标高进行校核与调整，吊装就位后，应及时采取临时固定措施；混凝土、钢筋和钢材的力学性能指标和耐久性及配筋要求等应符合现行国家相关标准的规定	各类民用建筑和工业建筑
	20	预制排烟道	采用水泥基胶凝材料通过机械化生产设备和模具在工厂制作，排除厨房烟气或卫生间废气的竖向管道制品	钢丝网水泥排气道制品的水泥强度不应低于32.5级；垂直承载力不应小于90kN；耐火极限不低于1h；设计及安装应符合《住宅厨房、卫生间排气道》JG/T 194—2006的要求	各类民用建筑和工业建筑

续表

类别	序号	名称	技术特点	技术要求	适用范围
（三）施工连接技术	21	钢筋机械加工成型技术	在工厂采用机械化设备对钢筋进行加工成型的制作技术。主要包括钢筋调直、切断、弯曲（钩、箍）、桁架或网片焊接、组件成型等技术	钢筋调直过程中严格控制钢筋直径和米重，防止出现"瘦身"钢筋；钢筋或网片焊接应严格控制电流、电压等工艺参数，确保焊点质量；网片焊点抗拉力不小于330N；成型质量应符合《混凝土结构用成型钢筋制品》GB/T 29733—2013 的相关规定	预制混凝土构件制作；现浇钢筋混凝土工程
	22	机械套筒螺纹连接技术	通过金属套筒与钢筋的机械咬合作用，将一根钢筋中的力传递给另一根钢筋的连接技术	应根据《钢筋机械连接技术规程》JGJ 107—2010 中钢筋接头的性能等级将金属套筒与钢筋装配成接头后进行型式检验，其性能应符合《钢筋机械连接用套筒》JG/T 163—2013 的第 5.4.2 条中表 5、表 6 的规定	预制混凝土构件钢筋连接；现浇混凝土工程钢筋连接
	23	套筒灌浆连接技术	在预制混凝土构件预埋金属套筒中插入钢筋并灌入水泥基灌浆料而实现的钢筋连接技术。主要包括全套筒灌浆连接技术和半套筒灌浆连接技术	接头的抗拉强度必须大于钢筋的抗拉强度标准值，且只能断于钢筋；接头的单项拉伸残余变形 $u_0 \leqslant 0.10\text{mm}$，最大力总伸长率 $A_{sgt} \geqslant 6.0\%$；高应力反复拉压残余变形 $u_{20} \leqslant 0.3\text{mm}$，大变形反复拉压残余变形 $u_4 \leqslant 0.3\text{mm}$ 且 $u_8 \leqslant 0.6\text{mm}$	预制混凝土构件安装连接
	24	钢筋灌浆连接套筒	采用铸造工艺或者机械加工工艺制造，通过水泥基灌浆料的传力作用将钢筋对接所用的金属套筒。包括全灌浆套筒和半灌浆套筒	球墨铸铁套筒的抗拉强度 $\sigma_b \geqslant 550\text{MPa}$，断后伸长率 $\delta_5 \geqslant 5\%$，球化率 $\geqslant 85$，HRB 硬度在 $180 \sim 250$ 之间；钢套筒屈服强度 $\sigma_s \geqslant 355\text{MPa}$，抗拉强度 $\sigma_b \geqslant 600\text{MPa}$，断后伸长率 $\delta_5 \geqslant 16\%$	预制混凝土构件安装连接
（四）生产施工设备及机具	25	灌浆料	采用水泥、细骨料、混凝土外加剂和其他材料组成干混料，加水搅拌后填充于套筒和带肋钢筋间隙的干粉料	初始流动度 $\geqslant 300\text{mm}$，30min 流动度 $\geqslant 260\text{mm}$，1 天、3 天、28 天抗压强度不小于 35MPa、60MPa 及 85MPa；3h 竖向膨胀率 $\geqslant 0.02\%$，24h 与 3h 的差值在 $0.02\% \sim 0.5\%$，氯离子含量 $\leqslant 0.03\%$；产品在标准条件下贮存 60 天后，应重新按照出厂检验标准进行检验合格后方可使用	预制混凝土构件安装连接
	26	预制混凝土机械化生产线	在控制系统的作用下，利用循环的模台完成混凝土构件制作的机械化生产设备。包括控制系统、模台循环及处理设备、钢筋加工设备、布料设备、浇筑设备、养护设备等	生产线设计先进、科学、合理，使用操作简单，模具便于清洁，保证构件外观完整、美观，构件制作满足现行相关标准的要求	预制混凝土构件生产

续表

类别	序号	名称	技术特点	技术要求	适用范围
（四）生产施工设备及机具	27	预制构件运输设备	预制构件从工厂运至施工现场的运输设备。包括运输车、运输架等	设计先进、合理，运输设备与构件连接牢固，构件保护设施齐全；运载能力达30t以上，承载面高度不大于900mm，车辆达到国Ⅳ以上排放标准	预制混凝土构件运输
	28	吊装设备	用于预制构件平移、升降、翻转、安装就位的机械设备。主要包括塔式起重机、汽车起重机、吊具等	吊装设备升降速度平稳、可调；吊装就位准确，安全可靠；吊具操作简便，满足现行相关标准的要求	预制混凝土构件制作、运输和安装施工
	29	生产机具	预制构件生产过程中使用的机械和工具的总称，主要包括模台、成型模具等	生产机具便于清理，可循环使用，抗变形强；固定模具的工具夹持力大、结构小巧，易于拆卸	预制混凝土构件制作
	30	施工机具	在预制构件装配过程中，对预制构件进行安装连接、临时固定的机械和工具的总称，包括预制构件临时支撑（架）、灌浆泵、搅拌枪、钢筋机械连接偏心可调装置等	施工机具设计先进、科学、合理，支撑高度可调节，满足现行相关标准的要求	预制混凝土构件安装施工

资料来源：山东省住建厅网站。

4.2.6　现代木结构技术体系

1. 胶合木结构体系

胶合木结构分为胶合板结构和层板胶合结构[19]。胶合木比同样尺寸的其他结构材强度和刚度更大，也比钢材的比强度（强度与重量的比值）大。

胶合木由多层结构层板构成，高效地利用了原料。层板通过指接可以达到所需的长度，通过胶合形成所需的尺寸。采用胶合木的一大好处是，胶合木构件可以在工厂分成几部分预制以便运输，然后在施工现场拼装。

2. 正交胶合木结构体系

正交胶合木是一种新型的工程木产品，由3层及以上实木锯材或结构复合板材垂直正交组坯或成一定角度组坯，采用结构胶粘剂压制而成，主要用于木结构房屋的墙板、屋板、楼板等[20]。

正交胶合木的特点：预制水平高；施工方便、安全；绝热性能、隔声性能、耐火性能以及气密性佳[21]；尺寸稳定性好，通过纵横正交铺装和控制含水率来提高板结构的尺寸稳定性；隔声、保温性好[20]。

3. 轻型木结构体系

轻型木结构体系以一定间距（一般为 410～610mm）的尺寸较小的木构件，按照等距离形式以一定秩序排列成骨架结构形式。由建筑物的屋面板、楼面板、墙面板等建筑构件组成，承受不同情况下的各种荷载，是一种非常安全的高次超静定的结构体系[22]。

轻型木结构房屋的优点：节能环保，木材是最好的可持续发展材料，是可再生资源，且木材具有良好的绝热性，木结构房屋具有良好的保温性能；施工简便快速，轻型木结构房屋的主要构件均在工厂按标准加工生产，在施工现场组装，无需大型机械设备，简单快速；抗震性能好，木结构房屋由于自身重量轻，在地震时吸收的地震作用相对较少，同时轻型木结构中大量的钉连接、齿板连接和锚栓连接等柔性连接以及木材的变形在地震作用下耗散大量的能量，使其具有良好的抗震性能，已在历次地震中得到了检验[23]。

现代木结构技术体系见表 4-6。

现代木结构技术体系[24-27] 表 4-6

序号	木结构类型	概念	适用范围
1	轻型木结构	轻型木结构是由构件断面较小的规格材连接组成的结构形式，由木骨架和木基结构板共同作用及承受荷载	适用于低层和多层建筑，最大不能超过 20m
2	梁柱—支撑结构	木结构中以梁柱作为主要竖向承重构件，以支撑作为主要水平受力构件的结构	适用于低层和多层建筑，最大不能超过 20m
3	梁柱—剪力墙结构	木结构中以梁柱作为主要竖向承重构件，以剪力墙作为主要水平受力构件的结构	适用于多层、高层建筑，最大不能超过 32m
4	剪力墙结构	木结构中采用正交胶合木剪力墙作为主要受力构件	适用于高层建筑，最大不能超过 40m
5	核心筒—木结构	组合木结构中，除核心筒采用钢筋混凝土结构外，其余承重构件均采用木质构件的结构体系	适用于高层建筑，最大不能超过 56m
6	井干式木结构	井干式木结构建筑是一种独特的建筑结构形式，采用截面适当加工后的原木、方木和胶合木材作为基本构件，将基本构件水平上层层叠加，并在构件相交的端部采用层层交叉咬合连接，以此组成井字形承重木墙体的木结构	在森林资源覆盖率较高或地域环境寒冷的地区有较广的应用范围，在国外分布较多的国家为挪威、芬兰、俄罗斯、加拿大、美国等，适用于低层建筑
7	CLT 体系	以 CLT（交错层积材）是由至少 3 层实心锯木或结构复合材垂直正交胶合而成的一种预制实心工程木产品。在结构选型方面一般都采用墙体承重、墙体和柱共同承重、建筑内部封闭墙体和外围密柱框架共同承重等结构形式	适用于低层和多层建筑

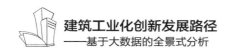

4.3 装配式建筑产业基地企业类型分析

按照 4.1 节中建筑工业化企业的分类方法，对装配式建筑产业基地企业进行分类，结果如表 4-7 所示。

装配式建筑产业基地企业分类　　　　　　　　　　表 4-7

序号	企业名称	企业类型	序号	企业名称	企业类型
1	北京住总集团有限责任公司	综合类	17	大元建业集团股份有限公司	施工类
2	北京恒通创新赛木科技股份有限公司	木结构类	18	河北合创建筑节能科技有限责任公司	构件生产类
3	北京建谊投资发展（集团）有限公司	综合类	19	河北建设集团股份有限公司	施工类
4	北京市保障性住房建设投资中心	投资开发类	20	河北建筑设计研究院有限责任公司	设计/研究类
5	北京市建筑设计研究院有限公司	设计/研究类	21	河北省建筑科学研究院	设计/研究类
6	北京市住宅产业化集团股份有限公司	综合类	22	河北新大地机电制造有限公司	设备制造类
7	北京首钢建设集团有限公司	钢结构类	23	河北雪龙机械制造有限公司	设备制造类
8	东易日盛家居装饰集团股份有限公司	装饰装修类	24	惠达卫浴股份有限公司	装饰装修类
9	多维联合集团有限公司	钢结构类	25	金环建设集团邯郸有限公司	钢结构类
10	华通设计顾问工程有限公司	设计/研究类	26	秦皇岛阿尔法工业园开发有限公司	投资开发类
11	一天（北京）集成卫厨设备有限公司	装饰装修类	27	任丘市永基建筑安装工程有限公司	施工类
12	天津达因建材有限公司	装饰装修类	28	唐山冀东发展集成房屋有限公司	构件生产类
13	天津大学建筑设计研究院	设计/研究类	29	远建工业化住宅集成科技有限公司	构件生产类
14	天津市建工集团（控股）有限公司	施工类	30	山西建筑工程（集团）总公司	施工类
15	天津市建筑设计院	设计/研究类	31	满洲里联合众木业有限责任公司	木结构类
16	天津住宅建设发展集团有限公司	综合类	32	内蒙古包钢西创集团有限责任公司	设备制造类

续表

序号	企业名称	企业类型	序号	企业名称	企业类型
33	大连三川建设集团股份有限公司	施工类	57	南京旭建新型建材股份有限公司	构件生产类
34	德睿盛兴（大连）装配式建筑科技有限公司	设计/研究类	58	南京长江都市建筑设计股份有限公司	设计/研究类
35	沈阳三新实业有限公司	钢结构类	59	启迪设计集团股份有限公司	设计/研究类
36	沈阳万融现代建筑产业有限公司	综合类	60	苏州金螳螂建筑装饰股份有限公司	装饰装修类
37	沈阳中辰钢结构工程有限公司	钢结构类	61	苏州科逸住宅设备股份有限公司	装饰装修类
38	吉林亚泰（集团）股份有限公司	投资开发类	62	苏州昆仑绿建木结构科技股份有限公司	木结构类
39	吉林省新土木建设工程有限责任公司	施工类	63	镇江威信模块建筑有限公司	施工类
40	哈尔滨鸿盛集团	设计/研究类	64	中衡设计集团股份有限公司	设计/研究类
41	黑龙江省蓝天建设集团有限公司	施工类	65	潮峰钢构集团有限公司	钢结构类
42	黑龙江省宇辉新型建筑材料有限公司	综合类	66	宝业集团股份有限公司	综合类
43	华东建筑集团股份有限公司	设计/研究类	67	杭萧钢构股份有限公司	钢结构类
44	上海城建（集团）公司	综合类	68	华汇工程设计集团股份有限公司	设计/研究类
45	上海城建建设实业集团	施工类	69	宁波建工工程集团有限公司	施工类
46	上海建工集团股份有限公司	综合类	70	宁波普利凯建筑科技有限公司	构件生产类
47	建华建材（江苏）有限公司	构件生产类	71	宁波市建设集团股份有限公司	施工类
48	江苏东尚住宅工业化有限公司	综合类	72	平湖万家兴建筑工业有限公司	构件生产类
49	江苏沪宁钢机股份有限公司	钢结构类	73	温州中海建设有限公司	施工类
50	江苏华江建设集团有限公司	施工类	74	浙江东南网架股份有限公司	钢结构类
51	江苏南通三建集团股份有限公司	施工类	75	浙江建业幕墙装饰有限公司	装饰装修类
52	江苏元大建筑科技有限公司	构件生产类	76	浙江精工钢结构集团有限责任公司	钢结构类
53	江苏中南建筑产业集团有限责任公司	投资开发类	77	浙江省建工集团有限公司	施工类
54	江苏筑森建筑设计股份有限公司	设计/研究类	78	浙江省建设投资集团股份有限公司	施工类
55	龙信建设集团有限公司	综合类	79	浙江欣捷建设有限公司	施工类
56	南京大地建设集团有限公司	施工类	80	浙江亚厦装饰股份有限公司	装饰装修类

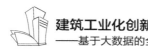

续表

序号	企业名称	企业类型	序号	企业名称	企业类型
81	中天建设集团股份有限公司	施工类	106	山东连云山建筑科技有限公司	构件生产类
82	安徽富煌钢构股份有限公司	钢结构类	107	山东聊建现代建设有限公司	施工类
83	安徽鸿路钢结构（集团）股份有限公司	钢结构类	108	山东平安建设集团有限公司	施工类
84	安徽建工集团有限公司	施工类	109	山东齐兴住宅工业有限公司	构件生产类
85	安徽省建筑设计研究院股份有限公司	设计/研究类	110	山东省建筑科学研究院	设计/研究类
86	福建博那德科技园开发有限公司	投资开发类	111	山东天意机械股份有限公司	设备制造类
87	福建建超建设集团有限公司	施工类	112	山东通发实业有限公司	设备制造类
88	福建建工集团有限责任公司	施工类	113	山东同圆设计集团有限公司	设计/研究类
89	福建省建筑设计研究院	设计/研究类	114	山东万斯达建筑科技股份有限公司	钢结构类
90	福建省泷澄建设集团有限公司	施工类	115	天元建设集团有限公司	施工类
91	福州鸿生高科环保科技有限公司	构件生产类	116	万华节能科技集团股份有限公司	构件生产类
92	金强（福建）建材科技股份有限公司	构件生产类	117	威海丰荟建筑工业科技有限公司	构件生产类
93	厦门合立道工程设计集团股份有限公司	设计/研究类	118	威海齐德新型建材有限公司	构件生产类
94	厦门市建筑科学研究院集团股份有限公司	设计/研究类	119	潍坊昌大建设集团有限公司	施工类
95	朝晖城建集团有限公司	施工类	120	潍坊市宏源防水材料有限公司	辅助材料类
96	江西雄宇（集团）有限公司	钢结构类	121	烟建集团有限公司	施工类
97	江西中煤建设集团有限公司	施工类	122	中通钢构股份有限公司	钢结构类
98	北汇绿建集团有限公司	钢结构类	123	中意森科木结构有限公司	木结构类
99	济南汇富建筑工业有限公司	构件生产类	124	河南东方建设集团发展有限公司	投资开发类
100	莱芜钢铁集团有限公司	钢结构类	125	河南省第二建设集团有限公司	施工类
101	青岛新世纪预制构件有限公司	构件生产类	126	河南省金华夏建工集团股份有限公司	施工类
102	日照山海大象建设集团	综合类	127	河南天丰绿色装配集团有限公司	钢结构类
103	山东诚祥建设集团股份有限公司	施工类	128	河南万道捷建股份有限公司	钢结构类
104	山东金柱集团有限公司	综合类	129	新浦建设集团有限公司	施工类
105	山东力诺瑞特新能源有限公司	电气安装类	130	湖北沛函建设有限公司	施工类

续表

序号	企业名称	企业类型	序号	企业名称	企业类型
131	长沙远大住宅工业集团股份有限公司	综合类	157	四川华构住宅工业有限公司	构件生产类
132	湖南东方红建设集团有限公司	施工类	158	四川省建筑设计研究院	设计/研究类
133	湖南金海钢结构股份有限公司	钢结构类	159	四川宜宾仁铭住宅工业技术有限公司	综合类
134	湖南省建筑设计院	设计/研究类	160	贵州剑河园方林业投资开发有限公司	木结构类
135	湖南省沙坪建设有限公司	施工类	161	贵州绿筑科建住宅产业化发展有限公司	综合类
136	三一集团有限公司	综合类	162	贵州兴贵恒远新型建材有限公司	构件生产类
137	远大可建科技有限公司	综合类	163	昆明市建筑设计研究院集团有限公司	设计/研究类
138	中民筑友建设有限公司	综合类	164	云南建投钢结构股份有限公司	钢结构类
139	碧桂园控股有限公司	投资开发类	165	云南昆钢建设集团有限公司	施工类
140	广东建远建筑装配工业有限公司	综合类	166	云南省设计院集团	设计/研究类
141	广东省建筑科学研究院集团股份有限公司	设计/研究类	167	云南震安减震科技股份有限公司	综合类
142	广东省建筑设计研究院	设计/研究类	168	西安建工（集团）有限责任公司	施工类
143	广州机施建设集团有限公司	施工类	169	陕西建工集团有限公司	施工类
144	广州市白云化工实业有限公司	辅助材料类	170	甘肃省建设投资（控股）集团总公司	投资开发类
145	深圳市华阳国际工程设计股份有限公司	设计/研究类	171	新疆德坤实业集团有限公司	构件生产类
146	深圳市嘉达高科产业发展有限公司	综合类	172	中国建筑第三工程局有限公司	施工类
147	深圳市鹏城建筑集团有限公司	综合类	173	中国建筑第四工程局有限公司	施工类
148	万科企业股份有限公司	综合类	174	中国建筑第五工程局有限公司	施工类
149	筑博设计股份有限公司	设计/研究类	175	中国建筑第七工程局有限公司	施工类
150	广西建工集团有限责任公司	施工类	176	中建钢构有限公司	钢结构类
151	玉林市福泰建设投资发展有限责任公司	投资开发类	177	中建国际投资（中国）有限公司	综合类
152	海南省建设集团有限公司	施工类	178	中国建筑西南设计研究院有限公司	设计/研究类
153	成都硅宝科技股份有限公司	辅助材料类	179	中国中建设计集团有限公司	设计/研究类
154	成都建筑工程集团总公司	施工类	180	中建科技有限公司	设计/研究类
155	成都市建筑设计研究院	设计/研究类	181	中国建筑设计院有限公司	设计/研究类
156	凉山州现代房屋建筑集成制造有限公司	钢结构类	182	上海中森建筑与工程设计顾问有限公司	设计/研究类

续表

序号	企业名称	企业类型	序号	企业名称	企业类型
183	中国建筑标准设计研究院有限公司	设计/研究类	188	中冶天工集团有限公司	施工类
184	深圳华森建筑与工程设计顾问有限公司	设计/研究类	189	中冶建筑研究总院有限公司	设计/研究类
185	上海宝冶集团有限公司	施工类	190	北新房屋有限公司	综合类
186	中国一冶集团有限公司	施工类	191	北新集团建材股份有限公司	构件生产类
187	中国二十二冶集团有限公司	施工类	192	中铁十四局集团有限公司	施工类

经过统计，装配式建筑产业基地企业共包括 11 种类型，其中施工类企业数量最多，而电气安装类企业数量最少，统计结果如图 4-2 所示。

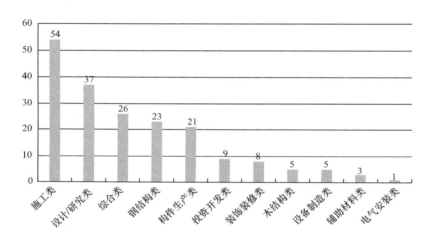

图 4-2　装配式建筑产业基地企业类型

4.4　建筑工业化企业专利分析

一个企业所拥有的专利数量在很大程度上可以代表其在相关领域的技术创新水平。可以通过分析企业在建筑工业化方面的专利情况，来研究这些企业在建筑工业化方面的技术创新水平。2017 年 3 月 23 日，住房城乡建设部颁布了《装配式建筑产业基地管理办法》（建科［2017］77 号），并于 2017 年 11 月 9 日认定了第一批装配式建筑产业基地，包含 192 个企业单位。在中国建筑工业化的发展路径中，这些企业具有典型意义。因此，我们将这些企业作为研究对象，对其建筑工业化相关专利情况进行分析。

4.4.1 建筑工业化企业专利获取

装配式建筑产业基地企业作为中国建筑工业化发展路径中的典型企业，很多企业都拥有庞大的专利数量。在对建筑工业化企业专利进行分析时，将与建筑工业化紧密相关的专利作为数据基础。为了获取每一个企业与建筑工业化相关的专利数据，我们采取的专利检索方式如下。

首先，以中国知网专利数据总库（http://kns. cnki. net/kns/brief/result. aspx？ dbprefix=SCOD）作为专利获取渠道。检索条件中，将企业名称作为申请人进行检索，检索界面如图 4-3 所示。

图 4-3　中国知网专利检索界面

如前文所述，建筑工业化企业总体上可以划分为 12 种类型。而大部分钢结构类企业、木结构类企业自身已经具备了钢结构建筑、木结构建筑的设计、生产以及建造能力，具有一定的独立性和特殊性。钢结构类、木结构类企业在专利方面与其他 10 种建筑工业化企业之间也存在差异。因此，我们对不同类型企业所采取的专利检索方式以及专利分析方式也略有差别。

钢结构类企业：企业数量少、专利数量多、与建筑工业化相关度高，以企业名称作为申请人进行检索，将检索得出的数量直接作为该企业的建筑工业化专利数量。

木结构类企业：企业数量少、专利数量少、与建筑工业化相关度非常高，以企业名称作为申请人进行检索，将检索得出的数量直接作为该企业的建筑工业化专利数量。

其他类型企业：企业数量多、专利数量多、与建筑工业化相关度相对较低，先以企业名称作为申请人进行检索，再用建筑工业化相关的关键词对专利摘要进行筛选，将筛选得出的数量作为该企业的建筑工业化专利数量。常见的关键词包括："装配式""预制""钢结构""模块化""PC 构件""连接件""部品""一体化""BIM"等。

综上所述，在中国知网专利数据总库中，我们最终采取的检索方式如表 4-8

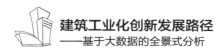

所示。

专利检索方式　　　　　　　　表 4-8

企业类型	检索条件		
	申请人	摘要关键词	关键词关系
钢结构类	企业名称	—	—
木结构类	企业名称	—	—
综合类、投资开发类、设计/研究类、设备制造类、构件生产类、施工类、装饰装修类、电气安装类、辅助材料类、BIM 等创新技术类	企业名称	装配式、预制、PC 构件、连接、吊装、模具、一体化、整体卫浴、集成、部品、模块、BIM	或含

利用上述专利检索方式，对装配式建筑产业基地中的建筑工业化企业的专利进行检索，检索结果如表 4-9～表 4-11 所示。

装配式建筑产业基地钢结构类企业专利数量（数据更新至 2017.12.31）　表 4-9

序号	企业名称	专利数量	序号	企业名称	专利数量
1	安徽富煌钢构股份有限公司	258	12	金环建设集团邯郸有限公司	9
2	安徽鸿路钢结构（集团）股份有限公司	458	13	莱芜钢铁集团有限公司	1935
3	北汇绿建集团有限公司	13	14	凉山州现代房屋建筑集成制造有限公司	3
4	北京首钢建设集团有限公司	191	15	山东万斯达建筑科技股份有限公司	82
5	潮峰钢构集团有限公司	23	16	沈阳三新实业有限公司	22
6	多维联合集团有限公司	98	17	沈阳中辰钢结构工程有限公司	63
7	杭萧钢构股份有限公司	252	18	云南建投钢结构股份有限公司	3
8	河南万道捷建股份有限公司	21	19	浙江东南网架股份有限公司	274
9	湖南金海钢结构股份有限公司	60	20	浙江精工钢结构集团有限责任公司	151
10	江苏沪宁钢机股份有限公司	276	21	中建钢构有限公司	586
11	江西雄宇（集团）有限公司	6	22	中通钢构股份有限公司	13

装配式建筑产业基地木结构类企业专利数量（数据更新至 2017.12.31）表 4-10

序号	企业名称	专利数量	序号	企业名称	专利数量
1	北京恒通创新赛木科技股份有限公司	72	3	贵州剑河园方林业投资开发有限公司	7
2	苏州昆仑绿建木结构科技股份有限公司	10	4	中意森科木结构有限公司	1

装配式建筑产业基地其他类型企业专利数量（数据更新至 2017.12.31）表 4-11

序号	企业名称	数量	序号	企业名称	数量
1	安徽建工集团有限公司	9	42	江苏中南建筑产业集团有限责任公司	26
2	安徽省建筑设计研究院股份有限公司	9	43	江苏筑森建筑设计股份有限公司	2
3	宝业集团股份有限公司	53	44	江西中煤建设集团有限公司	7
4	北京市保障性住房建设投资中心	8	45	金强（福建）建材科技股份有限公司	1
5	北京市建筑设计研究院有限公司	19	46	龙信建设集团有限公司	16
6	北京住总集团有限责任公司	15	47	南京大地建设集团有限公司	5
7	北新房屋有限公司	77	48	南京旭建新型建材股份有限公司	31
8	北新集团建材股份有限公司	52	49	南京长江都市建筑设计股份有限公司	70
9	成都建筑工程集团总公司	17	50	宁波建工工程集团有限公司	8
10	大连三川建设集团股份有限公司	26	51	宁波普利凯建筑科技有限公司	18
11	大元建业集团股份有限公司	23	52	宁波市建设集团股份有限公司	2
12	东易日盛家居装饰集团股份有限公司	3	53	平湖万家兴建筑工业有限公司	3
13	福建博那德科技园开发有限公司	1	54	启迪设计集团股份有限公司	5
14	福建建超建设集团有限公司	11	55	青岛新世纪预制构件有限公司	14
15	福建建工集团有限责任公司	1	56	任丘市永基建筑安装工程有限公司	172
16	福建省建筑设计研究院	16	57	三一集团有限公司	87
17	福建省泷澄建设集团有限公司	7	58	厦门合立道工程设计集团股份有限公司	1
18	广东省建筑科学研究院集团股份有限公司	16	59	山东力诺瑞特新能源有限公司	46
19	广东省建筑设计研究院	21	60	山东平安建设集团有限公司	3
20	广州机施建设集团有限公司	3	61	山东齐兴住宅工业有限公司	17
21	贵州绿筑科建住宅产业化发展有限公司	5	62	山东省建筑科学研究院	23
22	贵州兴贵恒远新型建材有限公司	3	63	山东天意机械股份有限公司	81
23	哈尔滨鸿盛集团	29	64	山东同圆设计集团有限公司	7
24	河北合创建筑节能科技有限责任公司	13	65	山西建筑工程（集团）总公司	1
25	河北省建筑科学研究院	13	66	上海宝冶集团有限公司	37
26	河北新大地机电制造有限公司	23	67	上海城建（集团）公司	26
27	河北雪龙机械制造有限公司	51	68	上海城建建设实业集团	9
28	河南东方建设集团发展有限公司	5	69	上海建工集团股份有限公司	45
29	河南省第二建设集团有限公司	2	70	上海中森建筑与工程设计顾问有限公司	17
30	河南省金华夏建工集团股份有限公司	12	71	深圳华森建筑与工程设计顾问有限公司	2
31	黑龙江省宇辉新型建筑材料有限公司	82	72	深圳市华阳国际工程设计股份有限公司	19
32	湖北沛函建设有限公司	3	73	深圳市嘉达高科产业发展有限公司	4
33	湖南东方红建设集团有限公司	25	74	深圳市鹏城建筑集团有限公司	20
34	华东建筑集团股份有限公司	30	75	沈阳万融现代建筑产业有限公司	2
35	华汇工程设计集团股份有限公司	36	76	四川华构住宅工业有限公司	42
36	华通设计顾问工程有限公司	2	77	四川省建筑设计研究院	27
37	济南汇富建筑工业有限公司	2	78	四川宜宾仁铭住宅工业技术有限公司	8
38	建华建材（江苏）有限公司	8	79	苏州金螳螂建筑装饰股份有限公司	25
39	江苏华江建设集团有限公司	9	80	苏州科逸住宅设备股份有限公司	38
40	江苏南通三建集团股份有限公司	9	81	唐山冀东发展集成房屋有限公司	5
41	江苏元大建筑科技有限公司	15	82	天津达因建材有限公司	16

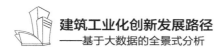

续表

序号	企业名称	数量	序号	企业名称	数量
83	天津大学建筑设计研究院	36	102	浙江欣捷建设有限公司	4
84	天津市建筑设计院	49	103	浙江亚厦装饰股份有限公司	56
85	天津住宅建设发展集团有限公司	25	104	中国二十二冶集团有限公司	36
86	天元建设集团有限公司	15	105	中国建筑标准设计研究院有限公司	3
87	万华节能科技集团股份有限公司	17	106	中国建筑第七工程局有限公司	88
88	万科企业股份有限公司	62	107	中国建筑第四工程局有限公司	54
89	威海丰荟建筑工业科技有限公司	1	108	中国建筑第五工程局有限公司	37
90	威海齐德新型建材有限公司	18	109	中国建筑设计院有限公司	11
91	潍坊昌大建设集团有限公司	18	110	中国建筑西南设计研究院有限公司	11
92	西安建工（集团）有限责任公司	6	111	中国一冶集团有限公司	92
93	烟建集团有限公司	5	112	中国中建设计集团有限公司	18
94	远大可建科技有限公司	18	113	中衡设计集团股份有限公司	1
95	远建工业化住宅集成科技有限公司	14	114	中建科技有限公司	23
96	云南昆钢建设集团有限公司	2	115	中民筑友建设有限公司	587
97	云南震安减震科技股份有限公司	6	116	中天建设集团股份有限公司	47
98	长沙远大住宅工业集团股份有限公司	56	117	中铁十四局集团有限公司	18
99	浙江建业幕墙装饰有限公司	10	118	中冶建筑研究总院有限公司	81
100	浙江省建工集团有限公司	16	119	中冶天工集团有限公司	27
101	浙江省建设投资集团股份有限公司	8	120	筑博设计股份有限公司	9

4.4.2 建筑工业化企业专利分类

通过对装配式建筑产业基地中的192家企业进行专利检索，共收集到8037条建筑工业化相关专利数据。

根据专利所涉及的研究内容，可以将收集到的专利分为8种类型，分别为钢结构类、木结构类、建筑体系类、预制构件类、生产施工机具类、施工技术类、安装装修类和其他类型。每一类专利的研究侧重点和示例，如表4-12所示。

建筑工业化企业专利分类 表4-12

专利类型	主要研究侧重点	示例
钢结构类专利	钢制构件、钢结构施工技术、钢结构建筑	一种由L型钢和工字形钢组成的腹板的钢管束组合结构 钢梁与钢管束混凝土剪力墙侧板式连接节点
木结构类专利	木制构件、木结构施工技术、木结构房屋	房屋梁柱型材连接结构及枕木集成房屋 复合墙体材料组合物及其制备方法和复合墙体材料

续表

专利类型	主要研究侧重点	示例
建筑体系类专利	新型建筑结构	大跨度预制剪力墙体系 一种装配式钢筋混凝土墙板框架结构
预制构件类专利	预制构件材料、预制构件生产工艺	一种新型预制带保温叠合墙板 一种轻型结构房屋用木龙骨框复合轻质预制楼板
生产施工机具类专利	构件生产、现场施工所需的设备和工具	一种预制楼板安装用可伸缩操作平台 带有窗洞模组的便拆式PC墙板模具
施工技术类专利	构件的吊装、固定、支撑、连接技术	一种预制连梁和预制墙连接端部施工方法 预制混凝土构件水平钢筋连接构件及连接施工方法
安装装修类专利	电气安装、整体卫浴、集成吊顶等	光伏光热系统与建筑一体化安装构件及安装方法 一种模块化电热膜地暖复合板及其铺装方法
其他类型专利	BIM技术的应用、抗震检测、防水材料等	基于BIM的装配式建筑建造全过程数据协同管理系统 装配式住房建筑一体化污水处理系统

4.4.3 装配式产业基地企业专利分析

将装配式建筑产业基地企业的专利数据收集完毕并分类处理之后，可以对这些专利的类型分布、地区分布和时间分布情况进行分析。

1. 装配式建筑产业基地企业专利类型分析

从中国知网的专利数据库，共收集到装配式建筑产业基地企业专利数据8037条，包括8种专利类型，其数量分布如图4-4所示。

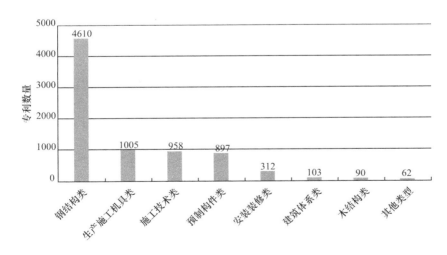

图4-4 装配式建筑产业基地企业专利类型分布

从图 4-4 中可以看出，钢结构类专利的数量最多。装配式建筑产业基地中，有钢结构类企业 23 家，占据企业总数的 11.98%，钢结构类专利占据专利总数的 53.76%。为了更加清楚地分析各个类型专利的分布情况，将钢结构类专利除外，重新绘制柱状图，如图 4-5 所示。

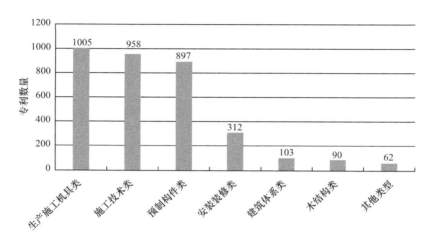

图 4-5　装配式建筑产业基地企业专利类型分布（钢结构类专利除外）

从图 4-5 中可以看出，生产施工机具类、施工技术类和预制构件类专利拥有很大比重，说明装配式建筑产业基地中企业在构件生产、现场施工方面的研究侧重较多。

进一步分析发现，施工技术类专利主要集中在连接技术方面，预制构件类专利主要集中在墙体构件方面，如图 4-6 和图 4-7 所示。

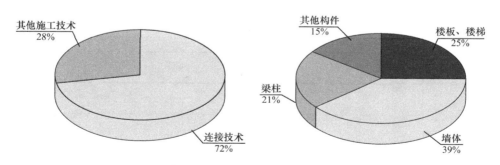

图 4-6　预制构件类专利内容分布　　　图 4-7　施工技术类专利内容分布

2. 装配式建筑产业基地企业专利地区分析

由于钢结构类专利的比例过大，对专利的地区分布进行分析时，可能会由于某个钢结构类企业的专利数量较多，而导致该地区的专利数量位居前列。这种情况会影响专利地区分布的分析结果。因此，在对专利的地区分布进行分析时，将钢结构类专利与其他类型专利分别分析。钢结构类专利的地区分布情况如图4-8所示。

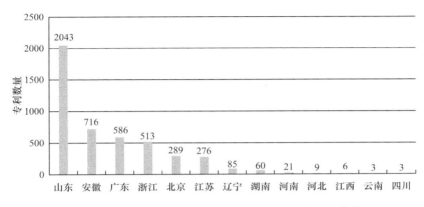

图4-8 装配式建筑产业基地企业钢结构类专利地区分布

从图4-8中可以看出，钢结构类专利在全国的分布十分不均衡，大多集中在山东、安徽、广东、浙江等地区。通过对比收集到的钢结构类专利数据，发现这些地区都拥有大型的钢结构类企业，如山东的莱芜钢铁集团有限公司，安徽的鸿路钢结构（集团）股份有限公司、富煌钢构股份有限公司，浙江的东南网架股份有限公司、杭萧钢构股份有限公司，以及广东的中建钢构有限公司。

钢结构类专利之外的专利地区分布情况，如图4-9所示。

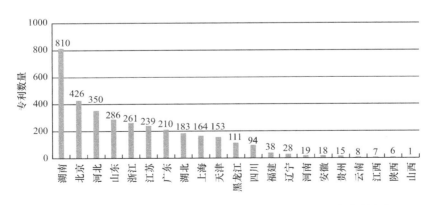

图4-9 装配式建筑产业基地企业专利地区分布（钢结构类专利除外）

从图4-9中可以看出，湖南的专利数量最多，北京、河北、山东、浙江等地

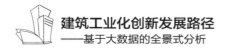

区的专利数量也位居前列。对比收集到的专利数据，湖南的专利数量主要依托于中民筑友建设有限公司，其与建筑工业化直接相关的专利数量 587 条。其他地区的专利数量在各个企业之间的分布较为均衡。

3. 装配式建筑产业基地企业专利时间分析

装配式建筑产业基地企业专利的时间分布情况如图 4-10 所示。

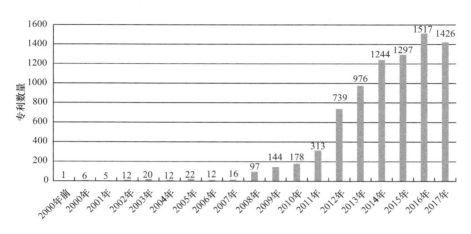

图 4-10　装配式建筑产业基地企业专利时间分布

从图 4-10 中可以看出，从 2012 年开始，专利数量迅速上升。

进一步分析每一类专利随时间的变化趋势，如图 4-11～图 4-17 所示。

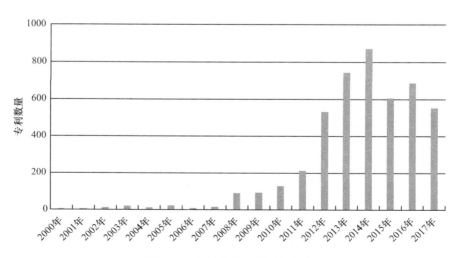

图 4-11　钢结构类专利时间分布

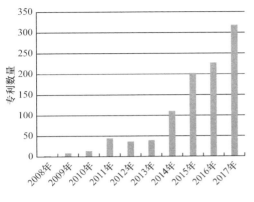

图 4-12　生产施工机具类专利时间分布

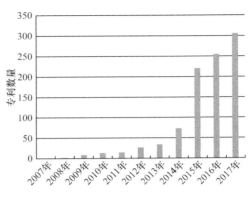

图 4-13　施工技术类专利时间分布

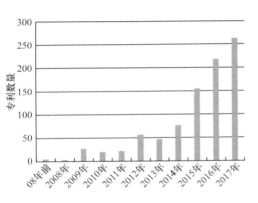

图 4-14　预制构件类专利时间分布

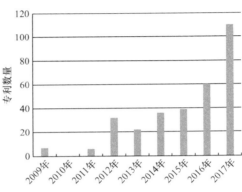

图 4-15　安装装修类专利时间分布

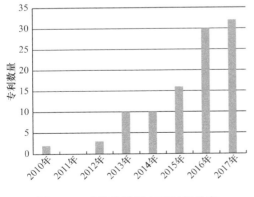

图 4-16　建筑体系类专利时间分布

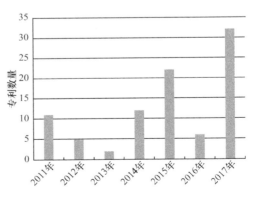

图 4-17　木结构类专利时间分布

从图中可以看出，钢结构类专利最早出现在 2000 年，21 世纪初开始逐渐增长，2012 年增长速度加快，但是专利增长数量存在一定波动，没有保持持续增长的趋势，总量一直处于较高的水平；生产施工机具类专利、预制构件类专利、施工技术类专利最早分别出现在 2008 年、2007 年、2008 年，在 2014 年、2015 年增长速度加快，并一直保持增长的趋势；建筑体系类专利、安装装修类专利、木结构类专利最早出现在 2010 年左右，与其他专利相比时间较晚。

根据上述分析，在建筑工业化方面，企业对钢结构建筑的研究起步较早；对预制混凝土建筑的预制构件、连接技术和施工机具研究起步略晚，发展速度快；对电气安装、装饰装修、新型建筑体系和木结构建筑的研究起步较晚，专利数量较少，是近年来出现的研究趋势。

参考文献

[1]   马军庆. 装配式建筑综述 [J]. 黑龙江科技信息，2009（8）：271.

[2]   叶晴. 砌块住宅建筑体系及其产业化平台的构筑 [D]. 重庆大学，2003.

[3]   门亚杰，张兆君，程瑞杰. 混凝土砌块建筑的技术经济分析及其设计构造优势 [J]. 黑龙江电力，2002（03）：185-7.

[4]   徐殿臣. 混凝土砌块建筑的技术优势及其设计构造 [J]. 大庆高等专科学校学报，2001（04）：89-92.

[5]   王卓，麻志杰. 浅谈砌块建筑的发展及特点 [J]. 中国建材，2002（4）：64-5.

[6]   杨先奎，杨军. 框架轻板建筑和装配式大板建筑的工业化施工方法 [J]. 贵州工业大学学报（自然科学版），2007（03）：54-8.

[7]   刘宏，赵家鹏. 浅论大板建筑的构造特点 [J]. 辽宁工学院学报，1999（S1）：69-70，94.

[8]   朱文健. 盒子建筑的建构 [J]. 建筑师，2003（6）：46-52.

[9]   黄蔚欣，张惠英. 盒子结构建筑 [J]. 工业建筑，2001（9）：17.

[10]   刘颐佳，高路. 盒子结构建筑及应用与展望 [J]. 四川建筑，2008（5）：136.

[11]   范鹏飞. 钢结构住宅的特点、结构体系与发展应用 [D]. 杭州：浙江工业大学，2011.

[12]   邹晶. 我国钢结构住宅体系适用性分析 [D]. 同济大学，2008.

[13]   杨煦. 钢结构住宅结构体系应用研究 [D]. 北京：北京交通大学，2014.

[14]   舒畅. 钢结构住宅技术经济分析及其产业化研究 [D]. 武汉：武汉理工大学，2005.

[15]   王一贤. 钢框架—混凝土核心筒结构抗震性能分析 [D]. 成都：西南交通大学，2011.

[16]   张跃峰. 建筑中的错列桁架结构体系 [J]. 钢结构，2001（5）：41.

[17]   桓秀剑. 装配式混凝土结构住宅的应用研究 [D]. 荆州：长江大学，2016.

[18]   赵雪峰，范悦，张博为. 预制装配式框架——筒体结构体系在工业化住宅中的应用，F，2015[C].

［19］ 刘广哲. 现代木结构住宅的设计与施工研究［D］. 哈尔滨：东北林业大学，2012.

［20］ 王韵璐，曹瑜，王正，et al. 国内外新一代重型CLT木结构建筑技术研究进展［J］. 杨凌：西北林学院学报，2017（2）：286.

［21］ 尹婷婷. CLT板及CLT木结构体系的研究［J］. 建筑施工，2015（6）：758.

［22］ 刘广哲，郭倩倩. 谈现代木结构住宅的结构体系与发展前景［J］. 山西建筑，2016（7）：55.

［23］ 谢启芳，吕西林，熊海贝. 轻型木结构房屋的结构特点与改进［J］. 建筑结构学报，2010（S2）：350.

［24］ 中华人民共和国住房和城乡建设部. GB/T 51226—2017 多高层木结构建筑技术标准［S］. 北京：中国建筑工业出版社，2017.

［25］ 尹婷婷. CLT板及CLT木结构体系的研究［J］. 建筑施工，2015，37（06）：758-760.

［26］ 张颖璐，宋德萱. 井干式现代木结构建筑设计流程一体化研究［J］. 住宅科技，2015，35（03）：9-12.

［27］ 谢启芳，吕西林，熊海贝. 轻型木结构房屋的结构特点与改进［J］. 建筑结构学报，2010，31（S2）：350-354.

第**5**章

建筑工业化技术推广创新路径

5.1 建筑工业化相关协会

随着建筑工业化理念在我国的逐步推广，相关协会相继创立。2011～2017 年间，全国共成立建筑工业化协会 16 家，其中全国性协会 6 家（表 5-1），地区性协会 10 家（表 5-2）。这些协会致力于促进优势互补和资源整合、评定推荐示范样板树立行业模范、提供平台促进学术研究和技术交流、推进产业现代化和标准化服务、促进行业国际化发展等方面的工作，在一定程度上推动了建筑工业化的健康快速发展，有利于建筑工业化技术的推广。

2011～2017 年全国性建筑工业化协会　　　　　表 5-1

协会名称	创建年份
全国高科技建筑建材产业化委员会	2011
中国城市科学研究会住宅产业化专业委员会	2014
建筑产业化联盟	2014
中国工程建设标准化协会建筑产业化分会	2015
中国建筑学会建筑产业现代化发展委员会	2016
中国建筑学会工业化建筑学会委员会	2016

注：搜索关键词为"建筑工业化"。

2006～2017 年省市级建筑工业化协会　　　　　表 5-2

协会名称	创建年份	协会级别	地区
浙江省绿色建筑与建筑节能行业协会建筑工业化分会	2017	省	浙江
广东现代建筑工业化产业技术创新联盟	2016	省	广东
上海市建设协会建筑工业化与住宅产业化促进中心	2015	省	上海
深圳市土木建筑学会建筑工业化专业委员会	2017	市	广东
盐城市装配式建筑工业化联合会	2017	市	江苏
天水市装配式建筑产业化协会	2017	市	甘肃

120

续表

协会名称	创建年份	协会级别	地区
中关村智慧建筑产业绿色发展联盟	2016	市	北京
温州市绿色建筑与建筑工业化促进会	2016	市	浙江
杭州市建筑业协会新型建筑工业化分会	2015	市	浙江
合肥经济技术开发区住宅产业化促进中心	2006	市	安徽

从整体上看（图 5-1），近十年来国内建筑工业化新增协会数量整体稳步增长，其中，全国性行业协会新增数量较为平稳，地区性行业协会快速增长，这表明建筑工业化生命力旺盛，正处于发展时期，仍有很大的发展空间。从地区分布上看（图 5-2），国内建筑工业化协会主要分布在沿海发达地区，其中浙江、广东占比较大；少量协会位于欠发达地区，如安徽、甘肃。从时间上看，欠发达地区在建筑工业化上起步较沿海发达地区早，但沿海发达地区发展进程相对欠发达地区较快，且发展势头良好，在推广上投入较大。然而，协会总体数量仍然较少，我国建筑工业化发展仍然处在起步阶段。

图 5-1　国内建筑工业化新增协会数量趋势图

放眼全球，亦有不少国家成立了建筑工业化相关协会，具体信息见表 5-3，按国家分布的协会数量情况见图 5-3。从协会数量上来看，美国有 11 个建筑工业化相关协会，但是，美国协会创立的时间反映出美国建筑工业化起步较早（表 5-3），同时其协会成立的目标明确、章程相对完善。除此之外，美国协会涉及的行业也比较广泛，这与美国建筑工业化普及的广泛程度密切相关，例如：停车场、工业厂房、商业写字楼、医疗设施等都有建筑工业化技术的应用。相对而言技术协会成员的技术专业化程度也比较高，美国在结构设计、材料质量以及项目管理等都在

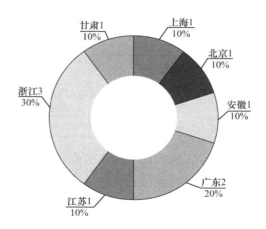

图 5-2　近十年国内建筑工业化省市级协会分布图

全球位列前茅。其次是澳大利亚（3 个）、德国（2 个）、加拿大（2 个）等发达国家。为了降低项目建设时间和成本，建筑工业化在这些国家也得到了迅速发展，企业文化和市场经济促使建筑公司创立了一些协会来维护其自身利益。此外，爱沙尼亚（2 个）、斯里兰卡（1 个）、日本（1 个）等也大力推广建筑工业化，成立了相关协会。日本在建筑工业化方面的推广力度位于全球前列，这在很大程度上是由其昂贵的劳动力成本、有限的土地资源以及高人口密度造成的。

国际建筑工业化协会　　　　　　　　　　　　　　　　　　　表 5-3

序号	名称	创立时间	国家
1	Austrian Prefabricated House Association	—	Australia
2	Master Builder's Association	1873	Australia
3	The Australian Research Council	2012	Australia
4	The Canadian Manufactured Housing Institute（CMHI）	1953	Canada
5	The Sarnia Construction Association	1948	Canada
6	The European Prefabrication Association	—	Estonia
7	Estonian Woodhouse Association	1999	Estonia
8	German Federal Off-Site Housing Association	1961	Germany
9	The Association of German Prefabricated Building Manufacturers（BDF）	1961	Germany
10	Japan Prefabricated Construction Suppliers & Manufacturers Association	1963	Japan
11	National Construction Association of Sri Lanka	1981	Sri Lanka
12	Modular Building Institute	1983	US
13	The Louisiana Manufactured Housing Association	1966	US
14	Florida Manufactured Housing Association	1947	US
15	The Manufactured Housing Institute	1975	US
16	The American Institute of Steel Construction（AISC）	1921	US

续表

序号	名称	创立时间	国家
17	National Precast Concrete Association	1965	US
18	The American Association of State Highway Transportation Officials (AASHTO)——Accelerated Bridge Construction（ABC）	—	US
19	Windsor Construction Association	1908	US
20	National Institute of Building Sciences-the Off-Site Construction Council（OS-CC）	2013	US
21	Modular & Portable Building Association	1938	US
22	The Modular Home Builders Association	1983	US

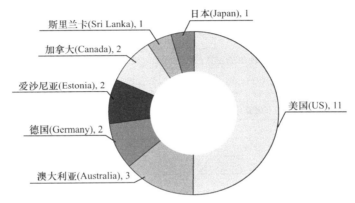

图 5-3　按国家分布的建筑工业化协会

　　我国建筑工业化相关协会在政府近年来对建筑工业化的积极重视和推动下得到了蓬勃发展。协会提供给企业成员互助合作、共同进步的平台，可以促进相关信息和知识的分享和扩散。期待其在建筑工业化推广中发挥出更大的促进作用。

5.2　建筑工业化相关科研机构

　　随着建筑工业化的发展，一些高校和企业相继成立了科研机构，致力于探索建筑工业化的相关理论和实践。截至 2017 年 12 月全国共成立建筑工业化相关研究机构 30 家（表 5-4）。其中，高校研究中心占研究机构总数的 37％，"产学研"研究中心占研究机构总数比例高达 63％。从增长态势来看，除个别年份（2014年）外，2011～2017 年间全国建筑工业化相关研究机构数量稳步增长（图 5-4）。其中高校科研机构起步较早，而"产学研"研究中心近几年发展迅速，反映了建筑工业化理念越来越被企业所关注。未来，随着"产学研"研究中心的进一步发展，企业对建筑工业化的发展将发挥越来越重要的作用。

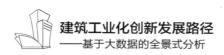

2011～2017 年全国建筑工业化相关研究机构 表 5-4

机构名称	创建年份	地区	主办单位
沈阳建筑大学现代建筑产业技术研究院	2011	辽宁	沈阳建筑大学
上海大学建筑产业化研究中心	2012	上海	上海城建（集团）公司
新型建筑工业化协同创新创新中心	2012	江苏	中国建筑工程总公司
宝业集团上海建筑工业化研究院	2013	上海	宝业集团
绍兴市新型建筑工业化研究中心	2013	浙江	宝业集团股份有限公司
浙江省建设投资集团建筑工业化研究中心	2013	浙江	浙江省建设投资集团有限公司
BIAD 建筑产业化工程技术研究中心	2013	北京	北京市建筑设计研究院有限公司
河南省建筑产业现代化工程技术研究中心	2014	河南	河南省住房和城乡建设厅
万科东莞建筑工业化研究中心	2015	广东	万科集团
广东省模块化建筑产业工程技术研究中心-技术委员会	2015	广东	Hickory（西科瑞）集团等
住房城乡建设部新型建筑工业化集成建造工程技术研究中心	2015	北京	中国建筑发展有限公司、三一集团有限公司
聊城市新型建筑产业化技术研发中心（聊城大学）	2015	山东	金新建筑节能股份有限公司
上海装配式建筑技术集成工程技术研究中心	2016	上海	华东建筑集团股份有限公司
广东省建筑工业化工程技术研究中心	2016	广东	广州机施建设集团有限公司
重庆市建筑产业化工程技术研究中心	2016	重庆	重庆建筑工程职业学院
装配式建筑产业技术研究院	2016	河南	河南城建学院
临沂市装配式建筑设计研究院	2017	山东	天元集团
装配式建筑研发中心	2017	河北	河北雪龙机械制造有限公司，河北丽建丽筑集成房屋有限公司
沈阳建筑大学建筑工业化研究院	2017	辽宁	沈阳建筑大学
陕西装配式建筑设计研究院	2017	陕西	商洛市洛南县德星农业综合扶贫开发投资有限公司
中建装配式建筑设计研究院	2017	北京	中建科技集团
东营市高新绿谷装配式建筑产业技术研究中心	2017	山东	东营高新区绿谷装配式建筑科技有限公司
山东省现代建筑产业化研究中心	2017	山东	山东建筑大学、山东省建筑科学研究院等
上海交通大学建筑工业化研究中心	—	上海	
云南大学滇池学院云南建筑工业化产业技术发展及应用研究中心	—	云南	
南京市建筑工业化工程技术研究中心	—	江苏	江苏瑞永建设工程技术有限公司
重庆大学建管学院建筑产业化创新研究中心	—	重庆	重庆大学
中国建筑科学研究院下属建筑工业化设计研究院	—	—	
中建建筑工业化设计研究院	—	—	中建科技集团有限公司
装配式建筑咨询研究中心	—	—	四川工程职业技术学院

124

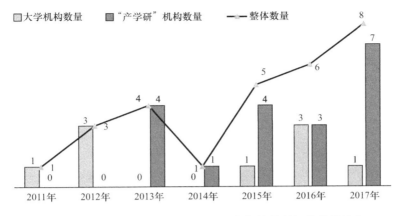

图 5-4 2011～2017 年国内建筑工业化相关科研机构数量趋势

从国内建筑工业化相关研究机构省市分布（图 5-5）上看来，科研机构整体数量较多的地区多为建筑工业化程度较高的地区，如重庆、北京、广东、山东、上海。"产学研"科研中心数量较多的地区主要分布在山东、北京、广东。而大学科研中心数量较多的地区主要分布在辽宁、重庆、上海。据已有数据统计，69％的地区仅存在"产学研"科研中心或者高校科研中心。山东和北京是科研中心数量较多且均为"产学研"科研机构的。这表明，建筑工业化相关科研机构在全国省市范围内分布不均衡，且在同一个省市"产学研"科研中心和高校科研中心的分布也不均衡。

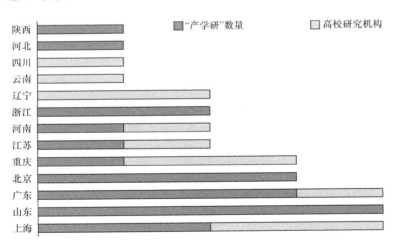

图 5-5 2011～2017 年国内建筑工业化相关研究机构省市分布

从国内建筑工业化相关研究机构地区分布（图 5-6）来看，科研机构主要集中在华东地区，占全国建筑工业化相关研究机构数量的 40％，其次是华北地区，占全国建筑工业化相关研究机构数量的 20%。建筑工业化相关研究机构数量最少的地区是西北地区,占比仅为 3%,其次是东北地区,占比为 7%。其余地区比例均在 10%～19% 之间。这表明,建筑工业化相关研究机构主要分布在经济发达地区,而经济欠发达地区科研机构分布较少,也可以反映出经济发达地区对建筑工业化的推广较好。

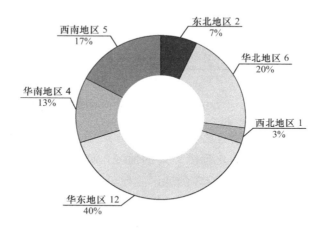

图 5-6 2011～2017 年国内建筑工业化相关科研机构地区分布

5.3 建筑工业化相关会议

2012～2017 年间,国内举办建筑工业化相关会议 75 个(表 5-5)。从数量上看,2012～2017 年间国内相关会议数量稳步上升。从会议类别(图 5-7)来看,学术会议数量近 4 年较为稳定,技术论坛数量快速增长。这表明,学者对建筑工业化的发展持续关注,而行业专业技术人员对建筑工业化的发展越来越重视。从会议主题类型(图 5-8)看,分论坛议题会议数量减少,主要议题会议数量快速增加,这表明建筑工业化的发展越来越被关注。

2012～2017 年建筑工业化国内会议   表 5-5

会议名称	年份	举办省份
第三届全国 BIM 学术会议	2017	上海
2017 装配式工业化建筑体系研讨会	2017	北京
2017 届中国建筑学会工程管理研究分会年会	2017	四川
2017 年中国建筑施工学术年会	2017	四川
第七届建设工程与项目管理国际会议	2017	四川

会议名称	年份	举办省份
2017 中欧建筑工业化论坛——"一带一路"中欧装配式建筑高峰研讨会	2017	山东
2017 建设与房地产管理国际学术研讨会 ICCREM	2017	广东
2017 年装配式建筑研讨会	2017	广西
"十三五"国家重点研发计划"绿色建筑及建筑工业化"重点专项建筑工业化项目群协同创新 2017 年度第二次工作会议	2017	江苏
第二届江苏省工程管理研究生学术论坛	2017	江苏
全国装配式建筑工作会议	2017	湖南
2017 中国建筑产业现代化学术年会	2017	福建
第七届工程建设与管理国际会议	2017	辽宁
第七届中国国际建筑干混砂浆生产应用技术研讨会	2016	上海
2016 东莞"建筑工业化和 BIM 技术在装配式建筑中的应用"创新论坛	2016	广东
装配式建筑工程总承包与施工技术管理交流研讨会	2016	北京
2016 上海国际建筑工业化峰会	2016	北京
2016 第十二届国际绿色建筑与建筑节能大会	2016	北京
中国建筑学会工业化建筑学术委员会成立大会暨学术交流会	2016	山东
第二届全国 BIM 学术会议	2016	广东
第二十四届全国高层建筑结构学术交流会	2016	江苏
2016 年度装配式建筑高峰论坛	2016	江苏
2015 中国绿色建筑大会	2015	北京
第 24 届全国结构工程学术会议	2015	北京
2015 年中国建筑学会工业建筑分会第十届学术年会	2015	广东
第五届夏热冬冷地区绿色建筑联盟大会	2015	广东
2015 中国建筑施工学术年会	2015	江苏
第六届全国特种混凝土技术（高性能混凝土专题）学术交流会	2015	浙江
2015 年春季建筑产业现代化推广大会	2015	湖北
第十七届全国混凝土及预应力混凝土学术会议暨第十三届预应力学术交流会	2015	湖北
中国建筑学会工程管理研究分会 2015 年年会	2015	福建
第一届全国 BIM 学术会议	2015	福建
中国钢结构协会钢混凝土组合结构分会第十五次学术会议	2015	重庆
2014 建筑工业化技术国际会议	2014	上海
第四届（2014 年）中国中西部地区土木建筑学术年会	2014	山西
中国建筑学会建筑结构分会 2014 年年会	2014	广东
全国第十三届混凝土结构基本理论及工程应用学术会议	2014	广西
第八届全国预应力结构理论与工程应用学术会议	2014	广西

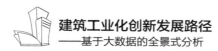

续表

会议名称	年份	举办省份
第十四届全国现代结构工程学术研讨会	2014	湖北
第三届中德智能城市建设研讨会	2014	湖北
2014 年湖南科技论坛工程管理专题论坛	2014	湖南
第 23 届全国结构工程学术会议	2014	甘肃
第三届国际自密实混凝土设计、性能及应用会议	2014	福建
2014 中国建筑学会建筑施工分会年会	2014	贵州
2014 年全国钢结构设计与施工学术交流会	2014	青海
第 15 次全国建筑技术学科学术研讨会	2014	黑龙江
2013 "建筑市场的治理与信息化" 国际研讨会	2013	北京
第七届中国（国际）预制混凝土技术论坛	2017	上海
2017 年可持续建造与管理高峰论坛	2017	四川
2017 建筑建材产业合作峰会暨装配式建筑产品创新大赛	2017	天津
2017 全国装配式建筑交流大会	2017	天津
2017 年天津装配式建筑技术交流会	2017	天津
2017 中国装配式建筑产业与特色小镇融合发展大会	2017	山东
2017 中国南通装配式建筑暨金属减震产业发展人才峰会	2017	江苏
2017 中国房地产技术创新大会暨装配式建筑技术交流大会	2017	湖南
2017 年湖南省第十届研究生创新论坛 "绿色建筑与建筑产业化" 分论坛	2017	湖南
2017 首届中国装配式建筑论坛	2017	辽宁
2016 建筑业改革与发展高峰论坛	2016	北京
2016 全国装配式建筑交流大会	2016	安徽
2016 中国建筑工业化发展高峰论坛	2016	广东
2016 中国装配式建筑论坛及产业现代化技术研讨会	2016	江苏
2016 中国被动式集成建筑产业技术交流大会暨全国装配式被动房高峰论坛	2016	江苏
江苏省第十届混凝土新技术研讨会	2016	江苏
2016 全国建筑钢结构行业大会	2016	辽宁
第七届结构工程新进展国际论坛	2016	陕西
中建协装配式建筑新技术应用会议	2015	上海
第二届工程建设标准化高峰论坛	2015	北京
第十一届中日建筑结构技术交流会	2015	宁夏
2015 建筑产业现代化（山东）国际高层论坛暨观摩展示会	2015	山东
全国（沈阳）装配式建筑政策与技术交流大会	2015	辽宁
第三届 "BIM 技术在设计、施工及房地产企业协同工作中的应用" 国际技术交流会	2014	北京
江苏省第九届混凝土新技术研讨会	2014	江苏
第一届工程建设标准化高峰论坛	2013	上海
第二届建筑工业化技术论坛	2012	广东
CCPA 预制混凝土构件分会成立大会暨首届新型建筑工业化论坛	2011	北京
中国建筑学会建筑施工分会 2011 年八届二次年会暨施工技术交流会	2011	黑龙江

数据来源：中国学术会议网。

图 5-7　2012～2017 年国内会议类别分布

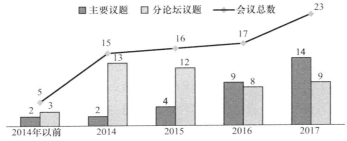

图 5-8　2012～2017 年国内会议主题类型分布

从省市分布（图 5-9）来看，举办会议数量较多的省市主要为经济较发达地区，如北京、江苏、上海、广东等。举办会议数量较少的省市主要为经济欠发达地区，如宁夏、安徽、浙江、甘肃、贵州、重庆、陕西、青海等。这表明，发达地区对建筑工业化的推广起着重要的作用。从地区分布（图 5-10）上看，华南地区占比 24％，华北地区占比 24％，华东地区占比 31％，而东北地区、西南地区和西北地区占比之和仅为 21％，与华南地区、华北地区和华东地区相比仍有差距。这表明，建筑工业化在我国经济发达地区推广较好，经济发达地区更加注重建筑工业化的发展，而经济欠发达地区推广较弱。

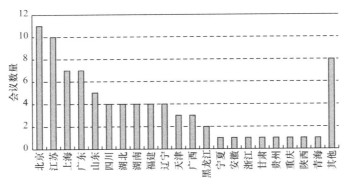

图 5-9　2012～2017 年国内会议按省市数量分布

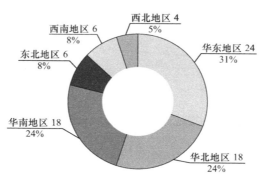

图 5-10 2012~2017 年国内会议按地区数量分布

截止到 2017 年 12 月，全球共举办了 19 个建筑工业化相关国际会议（表 5-6）。从会议主办单位所在国分布（图 5-11）来看，澳大利亚和美国举办的建筑工业化相关会议数量最多，均为 4 次。其次是中国和新加坡，各举办过 2 次。另有英国、加拿大、奥地利、匈牙利、波兰、日本和菲律宾分别举办过 1 次建筑工业化相关的国际会议。从举办会议的数量可以反映出美国和澳大利亚学者对建筑工业化比较关注。

建筑工业化国际会议   表 5-6

序号	会议名称	组织者	时间	地点
1	Conference on Advanced Industrialized Construction Methods and IMS Building Technology	—	Mar. 1996	Manila, Philippine
2	The Seventh East Asia-Pacific Conference on Structural Engineering & Construction	Kochi University of Technology	Aug. 1999	Kochi, Japan
3	1st International Conference on Industrialized, Integrated, Intelligent Construction	Loughborough University	May 2008	Loughborough, UK
4	Creative Construction Conference 2012	Szent István University	Jul. 2012	Budapest, Hungary
5	Association of Collegiate Schools of Architecture Fall Conference	Temple University	Sep. 2012	Pennsylvania, US
6	European Conference on Product and Process Modelling in the Building Industry	Vienna University of Technology	Sep. 2014	Vienna, Austria
7	International Conference on Innovative Production and Construction 2015 (IPC 2015)	Curtin University	Jul. 2015	Perth, Australia

续表

序号	会议名称	组织者	时间	地点
8	2017 CIFE Industrialized Construction Forum	Stanford University	Feb. 2017	California，US
9	Prefabricated Buildings，Industrialized Construction，and Public-Private Partnerships	The Modernization of Management Committee of The China Construction Industry Association and the Construction Institute of ASCE	Nov. 2017	Guangzhou, China
10	2017 Modular and Offsite Construction Summit（2017MOC）& The 2nd International Symposium on Industrialized Construction Technology（ISICT'17）Second Announcement	Tongji University，Engineering University of Alberta，Canada Modular Building Institute，USA	Nov. 2017	Shanghai，China
11	Industrialized Affordable Housing Conference 2017	Polish Academy of Sciences	Jun. 2017	Warsaw，Poland
12	The 6th Anniversary Edition of the Modular Construction & Prefabrication Canada Summit	the International Quality and Productivity Centre Ltd	Mar. 2017	Alberta，CA
13	The Modular Construction and Prefabrication Summit	the International Quality and Productivity Centre Ltd	Aug. 2017	Sydney，AU
14	Modular High-Rise Construction Workshop	Monash University Modular Construction Codes Board（MCCB）	Otc. 2017	Sydney，AU
15	The second Modular Construction and Prefabrication ANZ Conference	Clariden Global	Mar. 2017	Sydney，AU
16	The 2nd Annual Construction Excellence：Prefab，Precast & Modular Buildings Flagship Event	Marcus Evans	Nov. 2017	Singapore
17	6th Annual Modular Construction & Prefabrication Summit	The International Quality and Productivity Centre Ltd	Dec. 2017	Texas，US
18	9th Prefabrication & Modular Construction Asia Summit 2017	Equip-Global	Mar. 2017	Singapore
19	19th Rinker International Symposium on State-of-the-Art of Modular Construction	University of Florida	May 2017	Florida，US

注：数据来源于 Google、Bing；搜索关键词为 "Industrialized Construction" "Prefabricated Construction" "Manufactured Construction"。

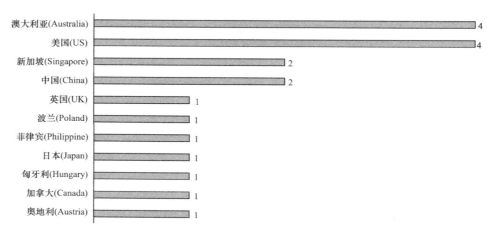

图 5-11　国际建筑工业化会议按主办方所在国家分布

从举办的时间来看（图 5-12），2017 年以前关于建筑工业化的国际会议比较少，在 2017 年呈现了显著增加，达到了 12 个。这个数据表明建筑工业化在学术界的关注度达到了繁荣期。这与建筑工业化的优势以及科技在建筑领域的应用有着密切关系，如 3D 打印技术、智能化、BIM 技术等在建筑领域的应用在不同程度上推动了建筑工业化的发展。

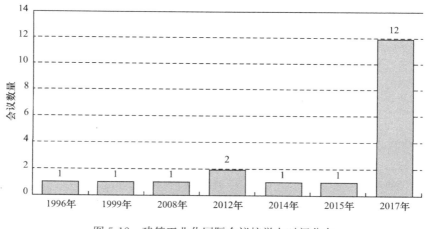

图 5-12　建筑工业化国际会议按举办时间分布

按会议的主题类型划分的结果（图 5-13）显示有 13 个国际会议是以建筑工业化为主题的，占总数的 68%，有建筑工业化分论坛的国际会议 6 个，占总数的 32%。反映出建筑工业化已经成为一个较为主流的学术研究方向，受到越来越多的学者关注。

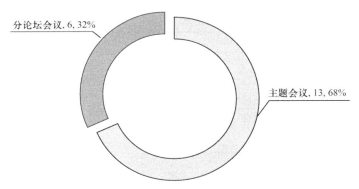

图 5-13　建筑工业化国际会议按主题类型分布

5.4　建筑工业化相关展会和专著

5.4.1　展会

随着我国建筑工业化的推广，相关展会（表 5-7）数量快速增加，2011～2017 年的展会发展趋势如图 5-14 所示。在 2014～2017 年期间举办的建筑工业化相关展会中，我国一线城市（北京、上海、广州、深圳）的建筑工业化展会数占 68％（图 5-15），表明北、上、广、深推动建筑工业化力度较大，也表明建筑工业化的推广还有很大的市场空间。

2014～2017 年建筑工业化展会列表　　　　　　　　　　　　　　　表 5-7

名称	地区	年份
2014 北京建筑工业化预制装配式建筑住宅产业化新型房屋展览会	北京	2014
2014 第十三届中国国际住宅产业暨建筑工业化产品与设备博览会	北京	2014
2015 第十一届国际绿色建筑与建筑节能大会暨新技术与产品博览会	北京	2015
2015 建筑工业化和节能一体化学术交流会	北京	2015
2015 第十四届中国国际住宅产业暨建筑工业化产品与设备博览会	北京	2015
2016 第十二届国际绿色建筑与建筑节能大会暨新技术与产品博览会	北京	2016
2016 第十三届中国北京国际建筑节能及新型建材博览会	北京	2016
2016 国际装配式建筑工业化展览会	北京	2016
2016 北京预制装配式建筑展集成房屋展北京住博会	北京	2016
2017 北京建筑工业化、预制装配式建筑、新型房屋与建材展览会-2017 北京住博会	北京	2017
2017 年第十六届中国（北京）装配式建筑与预制构件生产设备展	北京	2017
2017 北京国际装配式建筑及集成房屋展览会	北京	2017
2017 北京第十六届中国国际住宅产业暨建筑工业化产品与设备展览会	北京	2017

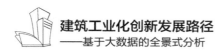

续表

名称	地区	年份
2017 北京建筑工业化展览会	北京	2017
2017 年第十六届中国国际住宅产业暨建筑工业化产品与设备博览会	北京	2017
2012 上海预制装配式住宅、新型建筑结构展览会	上海	2012
2013 上海绿色集成建筑预制房屋展览会	上海	2013
2014 上海国际建筑工业化展览会	上海	2014
2014 上海国际预制房屋、集成住宅、轻钢别墅博览会	上海	2014
2015 上海预制装配式住宅、工业化住宅预制构件展览会	上海	2015
2015 第 4 届上海国际预制房屋、集成住宅、轻钢别墅展览会	上海	2015
2015 上海工业化住宅及预制构件墙体展览会	上海	2015
2015 上海国际建筑工业化展览会	上海	2015
2015 上海国际预制房屋、集成住宅、轻钢别墅展览会	上海	2015
2015 上海集成房屋展览会	上海	2015
2016 上海预制房屋及空间房屋展览会	上海	2016
2016 国际预制房屋预制构件模块化建筑工业化展览会	上海	2016
2016 上海工业化建筑及预制装配式住宅展览会	上海	2016
2016 上海国际预制装配式建筑、集成房屋及建筑钢结构产业博览会	上海	2016
2016 上海预制房屋及装配式住宅展览会	上海	2016
2016 上海 PC 预制房屋展览会	上海	2016
2016 上海集成建筑、集成房屋展览会	上海	2016
2016 上海装配式住宅展览会	上海	2016
2016 第八届上海国际预制房屋、集成住宅、轻钢别墅展览会	上海	2016
2016 BIC 上海国际建筑工业化展览会	上海	2016
2017 上海模块化房屋展览会	上海	2017
2017 上海国际预制装配式建筑、集成房屋及建筑钢结构产业博览会	上海	2017
2017 上海预制装配式住宅展览会	上海	2017
2017 中国（上海）国际预制装配式建筑工业展览会	上海	2017
2017 第九届上海国际预制房屋、模块化建筑展览会	上海	2017
2017 亚洲国际建筑工业化展览会	上海	2017
2011 第一届广州国际预制房屋、模块化建筑、活动房屋与空间展览会	广州	2011
2012 第二届广州国际预制房屋、模块化建筑、活动房屋与空间展览会	广州	2012
2013 第三届广州国际预制房屋、模块化建筑、活动房屋与空间展览会	广州	2013
2014 第四届广州国际预制房屋、模块化建筑、活动房屋与空间展览会	广州	2014
2015 中国（广州）国际住宅产业暨建筑工业化产品与设备博览会	广州	2015
2015 第七届中国（广州）国际集成住宅产业博览会	广州	2015
2015 第五届广州国际预制房屋、模块化建筑、活动房屋与空间展览会	广州	2015
2016 第六届广州国际预制房屋、模块化建筑、活动房屋与空间展览会	广州	2016

续表

名称	地区	年份
2016 广州国际住宅产业博览会暨第八届中国（广州）国际集成住宅产业博览会	广州	2016
2017 第九届中国（广州）国际集成住宅产业博览会	广州	2017
2017 第七届广州国际预制房屋、模块化建筑展	广州	2017
2017 中国（广州）国际装配式建筑及集成房屋展览会	广州	2017
2017 广州国际装配式建筑工业展览会	广州	2017
2017 中国（广州）先进建筑技术与建筑工业化博览会	广州	2017
2016 深圳绿色建筑展览会	深圳	2016
2017 深圳国际预制装配式建筑、集成住宅及建筑钢结构产业展览会	深圳	2017
2017 中国（深圳）国际装配式建筑产业化展览会	深圳	2017
2017 深圳国际绿色建筑产业展览会	深圳	2017
2017BIC 亚洲国际建筑工业化展览会-深圳	深圳	2017
2008 西安（春季）住宅及建筑科技产业博览会	西安	2008
2009 春季西安住宅及建筑科技产业博览会	西安	2009
建筑新技术在建筑工业化中的推广应用技术交流会	天津	2013
2013 春季西安住宅及建筑科技产业博览会	西安	2013
2014 南京国际预制房屋、集成住宅、轻钢别墅博览会	南京	2014
2014 中国（烟台）国际住宅产业博览会	烟台	2014
2014 沈阳现代产业博览会住宅建筑工业化展览会	沈阳	2014
2015 第四届中国（沈阳）国际现代建筑产业博览会	沈阳	2015
2015 中国住宅产业化与绿色建筑发展论坛暨新技术产品博览会	长沙	2015
2015 建筑产业现代化（山东）国际高层论坛暨观摩展示会	济南	2015
2016 首届中国（贵州）国际绿色建筑与装配式建筑技术及产品博览会	贵阳	2016
2016 重庆集成建筑、装配式房屋、轻钢房屋展览会	重庆	2016
2016 中国（长沙）住宅产业化与绿色建筑产业博览会	长沙	2016
第四届江苏国际绿色建筑展览会	南京	2016
2017 沈阳住宅产业化展建筑工业化展览会	沈阳	2017
2017 中国（济南）装配式建筑产业展览会	济南	2017
中国（长沙）装配式建筑与建筑工程技术博览会	长沙	2017
装配式建筑西部行（西安站）-装配式建筑工业化关键技术应用交流观摩会	西安	2017
2017 年广西装配式建筑展览会在南宁举行	南宁	2017
2017 第2届安徽国际装配式建筑及集成房屋展览会	安徽	2017
2017 中国（贵州）国际住宅产业与建筑装饰博览会	贵阳	2017
2017 华中（武汉）住宅产业化与绿色建筑产业博览会	武汉	2017
2017 装配式住宅展览会	重庆	2017
2017 河北装配式建筑博览会	石家庄	2017
2017 中国（郑州）国际装配式建筑与集成房屋博览会	郑州	2017
2017 山西绿色建筑、新型建筑工业化 暨装配式建筑产业展览会	太原	2017

名称	地区	年份
2017 建筑设计与住宅产业化（河南）发展论坛暨建筑工业化博览会	郑州	2017
第五届江苏国际绿色建筑展览会	南京	2017

注：展会信息以"建筑工业化""住宅产业化""模块化"等关键词，利用百度、必应搜索引擎获取。

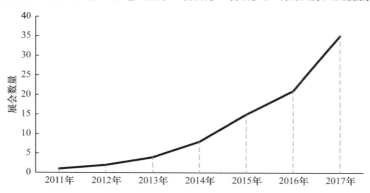

图 5-14   2011～2017 年我国建筑工业化展会发展趋势

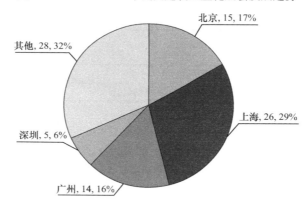

图 5-15   2011～2017 年我国建筑工业化展会分布情况

在众多展会中，中国住宅博览会和亚洲国际建筑工业化展览会已连续举办多届，在展示和推动我国建筑工业化发展方面形成了较大的社会影响力。

中国住宅博览会被誉为是中国建筑工业化第一展，是经国务院批准、商务部批准、住房城乡建设部全力支持的高层级大型行业国际展览活动，国家住宅产业化示范基地的推广展示平台。该展会突出国际性、科技性和专业性，重点介绍国内外最新住宅技术和部品，集中展示省地节能环保型住宅的成套住宅产业化技术，宣传保障性住房的低碳建设成果，引导住宅质量和性能不断提升，促进我国住宅产业转型升级和可持续发展。

亚洲国际建筑工业化展览会（International Building Industrialization of Construction Exhibitions Asia，BIC）是集中展示装配式设计、装配式主体、装配式围护、装配式装修及装配式市政，为政府部门制定相关规范及标准，企业定向市场，明确采购意向，提供展示服务与国际贸易的一站式平台。BIC 已实现国内发展需求与海外成功经验的无缝链接，以装配式建筑技术标准的先进性和前瞻性为目标，突出装配式建筑的完整建筑产品体系集成，着眼预制部品部件的工业化生产、安装和管理方式，解决装配式建造方式创新发展的各类基本问题，全面展示结构系统、外围护系统、设备与管线系统、内装系统所涉及的设计、生产与施工一体化过程，引领建筑产业转型升级。

2018 年，我国在更多地区、城市举办以建筑工业化为主题的展览会。据不完全统计，北京、上海、广州、深圳、雄安、西安、沈阳等举办多达 29 场的展览会，例如第十七届（北京）中国国际住宅产业暨建筑工业化产品与设备博览会、2018 中国（上海）国际建筑工业化展览会、中国（广州）国际装配式建筑及集成房屋展览会等。国外也举办了以建筑工业化为主题的大型展览会，包括美国、西欧、中亚、东南亚地区。国内外具体展会信息如表 5-8 所示。

2018 年国内外举办展会列表

表 5-8

名称	地区	年份
2018 北京第十七届中国国际住宅产业暨建筑工业化产品与设备博览会	北京	2018
2018 年第十七届中国（北京）装配式建筑与预制构件生产设备展	北京	2018
2018 北京第十七届预制房屋、模块化建筑及集成房屋展览会	北京	2018
2018 中国（北京）国际装配式建筑工业化展览会	北京	2018
2018 第十七届中国北京国际住宅产业暨建筑工业化产品与设备博览会	北京	2018
2018 上海国际预制装配式建筑展览会	上海	2018
2018 上海装配式建筑及设备展览会	上海	2018
2018 上海预制装配式住宅展览会	上海	2018
2018 上海集成住宅展览会	上海	2018
2018 上海绿色建筑建材及装配式建筑展览会	上海	2018
2018 中国（上海）国际建筑工业化展览会	上海	2018
2018 上海工业化住宅预制构件展览会	上海	2018
2018 上海住博会暨建筑工业化产品与设备博览会	上海	2018
2018 上海建筑工业化展览会	上海	2018
2018 上海模块化房屋及集装箱房屋展览会	上海	2018
2018 上海预制模块化建筑展览会	上海	2018
2018 第八届广州国际预制房屋、模块化建筑、活动房屋与空间展览会	广州	2018
2018 第二届中国（广州）国际绿色建筑建材与建筑工业化博览会	广州	2018
2018 第十届中国（广州）国际集成住宅产业博览会	广州	2018

续表

名称	地区	年份
2018 雄安装配式建筑及智慧工地装备展览会	雄安	2018
2018 中国（西安）国际预制装配式建筑暨建筑工业化产品与设备展览会	西安	2018
2018 京津冀装配式建筑与建筑工程技术展览会	河北	2018
2018 青海国际绿色建筑产业博览会	西宁	2018
2018 "一带一路"新疆绿色建博会	乌鲁木齐	2018
2018 浙江（杭州）建筑工业化及集成房屋展览会	杭州	2018
2018 沈阳住宅产业化展建筑工业化展装配式建筑展	沈阳	2018
2018 装配式建筑展览会	重庆	2018
2018 第四届武汉国际装配式建筑集成房屋展览会	武汉	2018
2018 云南国际装配式建筑及集成房屋展览会	云南	2018
Manufactured Housing Institute's National Congress and Exhibition for Manufactured and Modular Housing	美国拉斯维加斯	2018
World of Concrete EuropeEInternational Exhibition for the Concrete Sector "2018：23.-28Apr" France Paris	法国巴黎	2018
Exhibition of Concrete and Precast Concrete Elements	德国新乌姆	2018
Concrete Show India Exhibition and Conference on Concrete Technology	印度孟买	2018
Concrete Show South East Asia Exhibition and Conference on Concrete Technology	印度尼西亚雅加达	2018
The Precast Show 2018	美国丹佛	2018

5.4.2 专著

随着建筑工业化的推广和发展，近年来相关专著数量显著增加。如图 5-16 所示，2000 年以前建筑工业化相关专著数占比为 10%，2001～2005 年占比为 12.2%，2005～2010 年占比为 5.9%，2011～2015 年占比 14.3%，2015～2017 年占比 31%，表明建筑工业化在学术界和行业界的重视程度稳步提高。从出版的年份来看，2003～2007 年专著的出版数量增加缓慢，2009 年以后其数量显著增加（图 5-17），表明建筑工业化已成为学术界和行业界的关注热点。从国内外专著数量对比分析（图 5-18），国外专著占总数的 68%，国内专著占总数的 32%，表明我国建筑工业化相关专著数量较少，还需要继续推进建筑工业化的相关成果发表。

建筑工业化相关专著信息见表 5-9。

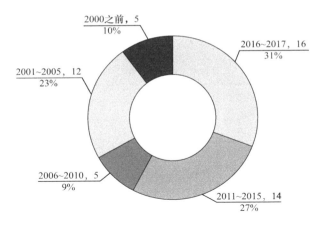

图 5-16   建筑工业化相关专著出版年份分布

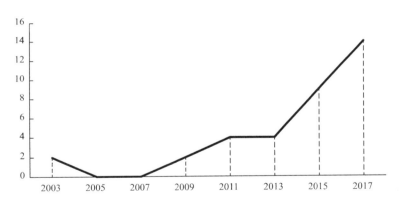

图 5-17   建筑工业化相关专著数量趋势图

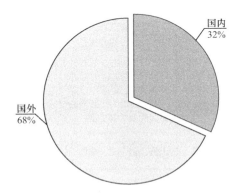

图 5-18   国内外建筑工业化相关专著数量对比

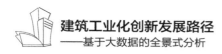
建筑工业化相关专著列表

表 5-9

序号	名称	作者	出版时间	出版社（期刊）
1	中国建筑工业化发展报告 2016	同济大学国家土建结构预制装配化工程技术	2017 年	中国建筑工业出版社
2	Prefabricated Housing：Construction and Design Manual	Philipp Meuser	2017 年 8 月	DOM Publishers
3	非洲发展报告 No.19 （2016～2017）	张宏明，王洪一	2017 年 7 月	社会科学文献出版社
4	新型建筑工业化丛书 建筑产业现代化导论	吴刚 王景全	2017 年 5 月	东南大学出版社
5	Foundation and Future：Dealing With the Challenges of More Work；a Compilation to Lead the Way	Daneshgari，Perry，Moore，Heather	2017 年 2 月	CreateSpace Independent Publishing Platform
6	国务院办公厅发布《关于大力发展装配式建筑的指导意见》	—	2016 年 11 月	《中国建筑金属结构》
7	我国高层住宅工业化体系现状研究	国家住宅与居住环境工程技术研究中心	2016 年 10 月	中国建筑工业出版社
8	工业化住宅建筑外窗系统技术规程 CECS 437 2016——中国工程建设协会标准	中国建筑科学研究院 四川省建筑科学研究院	2016 年 9 月	中国计划出版社
9	建筑工业化关键技术与实践［Research and Practice for Key Technologies in Construction Industrialization］	中国建筑国际集团有限公司，深圳海龙建筑科技有限公司	2016 年 9 月	同济大学
10	聚焦新型建筑工业化 发展绿色装配式建筑——2015～2016 年度预制混凝土行业发展报告	蒋勤俭	2016 年 6 月	《混凝土世界》
11	Building Construction：Materials，Strength and Properties	Seth Royal	2016 年 6 月	Willford Press
12	中华人民共和国国家标准（GB/T 51129—2015）：工业化建筑评价标准［Standard for Assessment of Industrialized Building］	中华人民共和国住房和城乡建设部，中华人民共和国国家质量监督检验检疫总局	2016 年 5 月	中华人民共和国住房和城乡建设部、中国建设报
13	我国建筑工业化发展现状与思考	王俊 赵基达 胡宗羽	2016 年 5 月	《土木工程学报》
14	2016SSZN-MJG 装配式建筑系列标准应用实施指南 钢结构建筑建筑工业化系列标准应用	中国建筑标准设计研究院	2016 年 4 月	中国建筑标准设计研究院

序号	名称	作者	出版时间	出版社 (期刊)
15	钢结构建筑工业化与新技术应用	中国建筑金属结构协会钢结构专业委员会	2016 年 4 月	中国建筑工业出版社
16	Robotic Industrialization: Automation and Robotic Technologies for Customized Component, Module, and Building Prefabrication	Tomas Bock	2015 年 8 月	Cambridge University Press
17	The Pre-Fabrication of Building Facades	MD Tahir Mahmood, Keyvanfar Ali, Shafaghat Arezou	2015 年 8 月	LAP Lambert Academic
18	2014～2015 年度预制混凝土行业发展报告	蒋勤俭	2015 年 7 月	《混凝土世界》
19	Agile Construction: For the Electrical Contractor	Dr. Perry Daneshgari	2015 年 3 月	Createspace Independent Publishing Platform
20	建筑工业化典型工程案例汇编	岳建光、万李	2015 年 3 月	中国建筑工业出版社
21	Construction Technology for High Rise Buildings: Handbook	Basem M.	2014 年 9 月	Createspace Independent
22	中国建筑产业化发展研究报告	蒋勤俭	2014 年 7 月	《混凝土世界》
23	伟大的建筑：图解世界闻名的奇迹	英国 DK 公司，邢真	2014 年 5 月	北京美术摄影出版社
24	Eco-efficient Construction and Building Materials: Life Cycle Assessment (LCA), Eco-Labelling and Case Studies	Ernando Pacheco-Torgal Luisa F. Cabeza, Joao Labrincha	2014 年 1 月	Woodhead Publishing
25	2012 年预制混凝土行业发展报告	蒋勤俭	2013 年 3 月	《混凝土世界》
26	ゴミを出さないモノづくり 新しい考え方、新しい人、新しい未来、夢。コンクリートスラブのスリーブレス工法〈特許出願中〉建築設備配管の工業化	ヒラモト，ヒロシ平本浩嗣	2012 年 9 月	随想舎，ズイソウシヤズイソウシヤ
27	Construction Technology For Tall Buildings	M. Y. L. Chew	2012 年 6 月	World Scientific
28	2011 年中国预制混凝土构件行业发展概况	蒋勤俭	2012 年 1 月	《混凝土世界》
29	Precast Concrete Structures	Hubert Bachmann	2011 年 8 月	Wiley-VCH
30	Prefab Architecture: A Guide to Modular Design and Construction	Ryan E. Smith	2010 年 12 月	Wiley
31	Prefabricated Home	Lambert MSurhone, Miriam T Timpledon, Susan F Marseken	2010 年 5 月	Betascript Publish- ing

续表

序号	名称	作者	出版时间	出版社（期刊）
32	Construction Technology：Analysis and Choice	Tony Bryan	2010 年 4 月	Wiley-Blackwell
33	Building Construction：Principles，Materials，& Systems 2009 UPDATE	Madan L Mehta Ph. D. Walter Scarborough, Diane Armpriest	2009 年 6 月	Pearson
34	Building Information Modeling：Planning and Managing Construction Projects with 4D CAD and Simulations	Willem Kymmell	2008 年 5 月	McGraw-Hill Education
35	Refabricating ARCHITECTURE：How Manufacturing Methodologies are Poised to Transform Building Construction	Stephen Kieran	2003 年 12 月	McGraw-Hill Education
36	Material Stone：Constructions and Technologies for Contemporary Architecture	Christopher Mackler	2003 年 10 月	Birkhauser Verlag AG
37	The 2000-2005 Outlook for Prefabricated Wood Buildings in the Middle East	Inc. Icon Group International	2001 年 8 月	Icon Group Intl Inc
38	The 2000-2005 Outlook for Prefabricated Wood Buildings in Oceana	Inc. Icon Group International	2001 年 8 月	Icon Group Intl Inc
39	The 2000-2005 Outlook for Prefabricated Wood Buildings in North America and the Caribbean	Inc. Icon Group International	2001 年 8 月	Icon Group Intl Inc
40	The 2000-2005 Outlook for Prefabricated Wood Buildings in Latin America	Inc. Icon Group International	2001 年 8 月	Icon Group Intl Inc
41	The 2000-2005 Outlook for Prefabricated Wood Buildings in Europe	Inc. Icon Group International	2001 年 8 月	Icon Group Intl Inc
42	The 2000-2005 Outlook for Prefabricated Wood Buildings in Africa	Inc. Icon Group International	2001 年 8 月	Icon Group Intl Inc
43	The 2000-2005 Outlook for Prefabricated Wood Buildings in Asia	Inc. Icon Group International	2001 年 8 月	Icon Group Intl Inc
44	The 2000-2005 Outlook for Prefabricated Metal Buildings in the Middle East	Inc. Icon Group International	2001 年 8 月	Icon Group Intl Inc